– HERMANN KUHN –
DIE FANTASTISCHE GESCHICHTE DES WASSERS

Herman Kuhn

Die Fantastische Geschichte des Wassers

WASSER – DAS UNBEKANNTE ELEMENT

W. ENSTHALLER VERLAG, A-4402 STEYR

Mit einem Beitrag von Dr. med. Alois Riedler: „Das Wasserwesen Mensch"

Umschlaggestaltung: Christine Klyce, Kalifornien

ISBN 3 85068 370 2

INHALT

Warum dieses Buch geschrieben wurde

Noch vor einer Generation fand Wasser in der Öffentlichkeit kaum Beachtung – abgesehen von gelegentlichen Beschwerden über Geschmack, Geruch oder die Höhe der Wasserrechnung. Heute jedoch beunruhigen uns zunehmend Berichte in Presse, Funk und Fernsehen, die die Qualität unseres Trinkwassers mehr und mehr in Frage stellen.

Über Wasser wissen wir aber kaum mehr, als daß es uns zumeist in flüssiger Form begegnet und die Chemie es mit der Formel H_2O beschreibt.

Wasser – genauer betrachtet – wird jedoch zu einer faszinierenden Substanz, die sich elegant über viele grundlegende Gesetze der Chemie hinwegsetzt, äußerst seltsame, ja fast mysteriöse Eigenschaften hat und der Wissenschaft immer noch Rätsel aufgibt.

Dieses Buch wurde daher für die wachsende Zahl von Menschen geschrieben, die in diese faszinierende Welt eintauchen möchten und mehr über das flüssige Element, das um sie herum und in ihnen ist, wissen wollen.

TEIL I

DER BLAUE PLANET

Drei Viertel unserer Erdoberfläche sind von Wasser bedeckt. Wie beeindruckend diese Tatsache ist, wird uns erst dann richtig bewußt, wenn wir die spektakulären Bilder betrachten, die uns von außerhalb der Atmosphäre übermittelt werden. Sie offenbaren einen blauen Planeten von strahlender Schönheit, über dessen schimmernden Wasserflächen blendendweiße Wolken schweben.

Alles Leben auf diesem Planeten entstand aus dem Wasser. Und als die Lebensformen komplexer wurden und den Ur-Ozean verließen, nahmen sie Wasser als wesentlichen Teil ihres Körpers mit sich.

Dieses Erbe ist auch heute noch in uns – ob es uns bewußt ist, oder nicht. Wie ein Astronaut, der immer einen kleinen Teil Erdluft bei sich tragen muß, um außerhalb der Atmosphäre überleben zu können, tragen wir einen kleinen Teil des Ur-Ozeans in uns, der uns das Leben auf dem trockenen Land erst ermöglicht.

Wasser ist der Stoff, aus dem unser Körper zu zwei Dritteln besteht.

Wasser ist der Stoff, von dem wir täglich 2 Liter direkt oder indirekt zu uns nehmen – mehr als die Menge unserer festen Nahrung.

Und Wasser ist der Stoff, ohne den wir maximal nur 4 Tage leben können.

Auf unserem Planet Erde bedeutet Wasser daher Leben.

GEGEN ALLE REGELN

In unseren Breitengraden steht Wasser in fast unbegrenzten Mengen zur Verfügung. Völlig selbstverständlich trinken, kochen und waschen wir mit Wasser – und in unserer Freizeit schwimmen wir sogar darin.

Wasser ist auch eines unserer beliebtesten Dauerthemen. Wie gerne reden wir über Gewitter, Wolkenbrüche, Dauerregen, Schnee, Eis – d.h. über Wasser in Form von Wetter.

Manchmal – bei Überschwemmungen, Wolkenbrüchen und Schneekatastrophen, – kann uns Wasser sogar zuviel werden.

Wir „schwimmen" also im Wasser, machen uns aber nur selten Gedanken darüber.

Doch wußten Sie, daß sich Wasser äußerst seltsam benimmt, gegen fast alle bekannten Gesetze der Physik und Chemie verstößt und in vielen Teilaspekten überhaupt nicht erforscht ist?

Mendelejews Entdeckung

Als vor über 100 Jahren der russische Physiker Mendelejew nach dem System suchte, das den Grundbausteinen unseres Universums – den sogenannten „Elementen" - zugrunde liegt , entdeckte er, daß sich bestimmte wichtige Eigenschaften der Elemente periodisch wiederholen.

Diese sich wiederholenden Eigenschaften brachten ihn auf die geniale Idee, die Elemente tabellenartig so anzuordnen, daß alle Elemente, die die gleichen Eigenschaften besitzen, untereinander stehen.

Er fand das *„Periodische System der Elemente "*.

I. Hauptgruppe	II. Hauptgruppe	III. Nebengruppe	IV. Nebengruppe	V. Nebengruppe	VI. Nebengruppe	VII. Nebengruppe	VIII. Nebengruppe			I. Nebengruppe	II. Nebengruppe	III. Hauptgruppe	IV. Hauptgruppe	V. Hauptgruppe	VI. Hauptgruppe	VII. Hauptgruppe	VIII. Hauptgruppe
Wasserstoff **H** 1 1,008																	Helium **He** 2 4,003
Lithium **Li** 3 6,94	Beryllium **Be** 4 9,01											Bor **B** 5 10,81	Kohlenstoff **C** 6 12,01	Stickstoff **N** 7 14,007	Sauerstoff **O** 8 15,999	Fluor **F** 9 18,998	Neon **Ne** 10 20,18
Natrium **Na** 11 22,99	Magnesium **Mg** 12 24,31											Aluminium **Al** 13 26,98	Silicium **Si** 14 28,086	Phosphor **P** 15 30,974	Schwefel **S** 16 32,066	Chlor **Cl** 17 35,45	Argon **Ar** 18 39,95
Kalium **K** 19 39,10	Calcium **Ca** 20 40,08	Scandium **Sc** 21 44,96	Titan **Ti** 22 47,88	Vanadium **V** 23 50,94	Chrom **Cr** 24 51,996	Mangan **Mn** 25 54,94	Eisen **Fe** 26 55,85	Cobalt **Co** 27 58,93	Nickel **Ni** 28 58,69	Kupfer **Cu** 29 63,55	Zink **Zn** 30 65,39	Gallium **Ga** 31 69,72	Germanium **Ge** 32 72,61	Arsen **As** 33 74,92	Selen **Se** 34 78,96	Brom **Br** 35 79,90	Krypton **Kr** 36 83,80
Rubidium **Rb** 37 85,47	Strontium **Sr** 38 87,62	Yttrium **Y** 39 88,91	Zirkonium **Zr** 40 91,22	Niob **Nb** 41 92,91	Molybdän **Mo** 42 95,94	Technetium **Tc** 43 [98]	Ruthenium **Ru** 44 101,07	Rhodium **Rh** 45 102,91	Palladium **Pd** 46 106,42	Silber **Ag** 47 107,87	Cadmium **Cd** 48 112,41	Indium **In** 49 114,82	Zinn **Sn** 50 118,71	Antimon **Sb** 51 121,75	Tellur **Te** 52 127,60	Iod **I** 53 126,90	Xenon **Xe** 54 131,29
Cäsium **Cs** 55 132,91	Barium **Ba** 56 137,33	Lanthan **La** 57 138,91	Hafnium **Hf** 72 178,49	Tantal **Ta** 73 180,95	Wolfram **W** 74 183,85	Rhenium **Re** 75 186,21	Osmium **Os** 76 190,2	Iridium **Ir** 77 192,2	Platin **Pt** 78 195,08	Gold **Au** 79 196,97	Quecksilber **Hg** 80 200,59	Thallium **Tl** 81 204,38	Blei **Pb** 82 207,19	Bismut **Bi** 83 208,98	Polonium **Po** 84 [209]	Astat **At** 85 [210]	Radon **Rn** 86 [222]
Francium **Fr** 87 [223]	Radium **Ra** 88 226,03	Actinium **Ac** 89 [227]	Element 104 **(Unq)** 104 [261]	Element 105 **(Unp)** 105 [262]	Element 106 **(Unh)** 106 [263]	Element 107 **(Uns)** 107 [264]	Element 108 **(Uno)** 108 [265]	Element 109 **(Une)** 109 [268]	110	111	112	113	114	115	116	117	118

Legendenbox: **Au** 79 196,97 — chem. Zeichen, Protonenzahl (Ordnungszahl), relative Atommasse

Aus diesem „*periodischen System der Elemente*" hätten sich nun eigentlich auch die Eigenschaften von Wasser ergeben müssen. Doch das Wasser spielte nicht mit. Es verhielt sich gegen jede Regel. Hier einige Beispiele:

–   Nach den Gesetzen der Physik müßte Wasser bereits bei minus 46 Grad (Celsius) anfangen zu kochen und nicht erst bei plus einhundert Grad.

–   Die größte Dichte von Wasser liegt nicht, wie zu erwarten, bei seinem Gefrierpunkt, d. h. bei null Grad Celsius, sondern bei ca. plus vier Grad.

–   Fast alle Substanzen dehnen sich aus, wenn man sie erhitzt – wir kennen diesen Effekt von unseren Quecksilberthermometern. Wasser jedoch beginnt zu schrumpfen, wird vom Volumen her kleiner, je mehr Wärme es aufnimmt. Es verdichtet sich sozusagen.

–   Auch die Umkehrung ist richtig : Normalerweise werden Substanzen beim Abkühlen vom Volumen her kleiner. Nicht jedoch Wasser – je mehr Wärme wir herausziehen, desto mehr dehnt es sich aus.

–   Und noch ein weiterer Punkt : Wenn wir eine Substanz unter Druck setzen, dann erhöht sich normalerweise deren Temperatur. Wasser jedoch können wir beliebig hohem Druck aussetzen, seine Temperatur steigt nie über 35,6 Grad Celsius.

11

Was sagt die Wissenschaft zu diesen Seltsamkeiten ?

Um 1790 entdeckte Lavoisier – der eigentliche Begründer der Wasserchemie –, daß Wasser sich durch die chemische Formel H_2O darstellen läßt. Allzuviel weiter kam er mit seinen Forschungen jedoch nicht, da er in den Wirren der Französischen Revolution der Guillotine zum Opfer fiel.

Seit dieser Zeit hat sich die Wissenschaft zwar auf der Basis H_2O ausführlich mit den chemischen Eigenschaften des Wassers beschäftigt, darüberhinaus aber kaum untersucht, warum es sich auf physikalischer Ebene so seltsam verhält.

Erst 1967 hat beispielsweise der Physiker Pauling die Frage endgültig beantworten können, warum Wasser überhaupt flüssig ist – nach den physikalischen Gesetzen müßte es eigentlich einen festen Block bilden.

Fast vollständig ungeklärt sind die subtileren Aufgaben des Wassers im menschlichen Organismus. So arbeitet Wasser im Körper nicht nur als Lösungs-, Transport- und Kühlmittel. Es ist ein genialer Informationsträger, der sich an eine Vielzahl von Organoberflächen anpaßt, die unterschiedlichsten Körperflüssigkeiten in individuellem Maße verdünnt und hochflexibel auf äußere Einflüsse reagiert. Nahrung, Getränke, Medizin, aber auch Mikroorganismen, Gifte, etc. können nur durch Wasser Eingang in den menschlichen Organismus finden und sich darin verteilen.

Das Problem liegt darin, daß die Formel H_2O nur einen Teilaspekt von Wasser beschreiben kann.

H_2O ist ein mechanisches Modell, das unserer technischen Zeit entstammt. Mit mechanischen Modellen können wir zwar Maschinen bauen, doch versagen diese Modelle regelmäßig bei der Übertragung auf lebende Organismen.

Zwar lassen sich viele Funktionen des Wassers in unserer Umwelt durch mechanische Modelle erklären, doch bleiben wichtige Aspekte - besonders im organischen Bereich - vermutlich noch für lange Zeit ungeklärt.

Wenn sich Wasser auch nur in einem Punkt „*normal*" verhalten würde, gäbe es kein Leben auf der Erde.

Leben ist nur durch Wasser möglich. Und von der Qualität der ca. 60 Liter Wasser, die jeder von uns in seinem Körper trägt, hängt entscheidend ab, wie gut wir uns fühlen.

Sehen wir uns diese mysteriöse Substanz einmal genauer an.

DAS MYSTERIÖSE ELEMENT

H_2O (Wasser) ist wohl die bekannteste chemische Formel der Welt doch kaum jemand weiß, was sie eigentlich bedeutet. Nehmen wir H_2O deshalb als Einstieg in unser mysteriöses Element.

Wasserstoff – **H** – hat Platz für zwei Elektronen, besitzt aber nur eins.

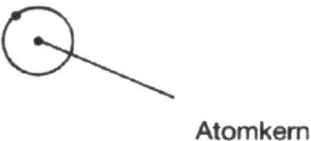

Atomkern

Sauerstoff - **O** - hat Platz für 8 Elektronen, besitzt aber nur 6.

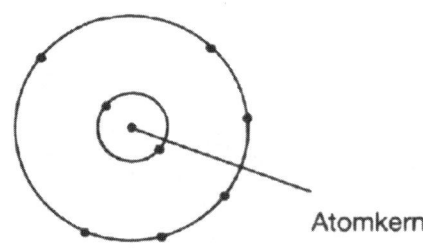

Atomkern

Da jedes Element versucht, seine freien Elektronenplätze zu füllen, verbinden sich ein Atom Sauerstoff und zwei Atome Wasserstoff zu einem Wassermolekül. Sie besetzen gegenseitig ihre „*freien*" Plätze und sind zueinander so stabil, daß sie sich kaum wieder voneinander trennen lassen.

H - O - H

Doch mit der Formel H_2O allein kommen wir nicht weit. Wir kennen damit zwar die Zusammensetzung von Wasser, haben aber noch keine Erklärung, warum dieses Molekül so außergewöhnliche Fähigkeiten besitzt.

Was Wasser so eigenartig macht, ist die *„Anordnung"* der beiden Wasserstoffatome, die in ihrer Bindung an das Sauerstoffatom einen Winkel von genau 105 Grad bilden.

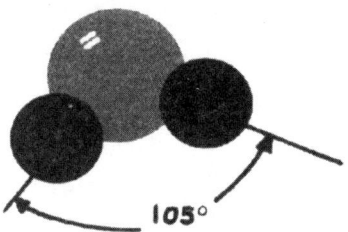

Dieser spezielle Winkel ist die Ursache für viele seltsame Eigenschaften des Wassers. So können beispielsweise Schneeflokken unendlich viele Varianten haben, bilden aufgrund dieses Winkels aber immer eine sechseckige Form.

Durch die asymmetrische Verteilung des Wasserstoffs wirkt das Wassermolekül wie ein winzig kleiner Magnet, der auf der Wasserstoffseite positiv geladen ist und auf der Sauerstoffseite negativ.

Die unterschiedlich geladenen Pole ziehen benachbarte Wassermoleküle an und verbinden sich mit ihnen über sogenannte
„*Wasserstoffbrücken*" zu langen Molekülketten.

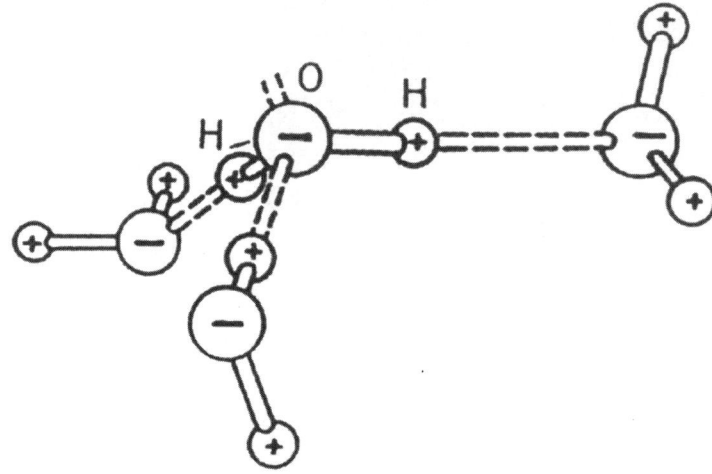

Wasserstoffbrücken finden wir auch in den Erbinformationen
unserer Zellen – der DNS – also in den Grundbausteinen des
Lebens wieder.

Wasserstoffbrücken sind außerordentlich stabil und lassen sich
nur mit viel Energie wieder auflösen.

Aus diesem Grund müssen wir Wasser stark erhitzen, um einzelne Moleküle als Dampf zum Verlassen der Wasseroberfläche
zu bringen. Die hohe Energie des Erhitzens wird dabei dem
Dampf mitgegeben und läßt sich in der Industrie bestens für An-
triebszwecke einsetzen.

Wie stark Wasserstoffbrücken sein können, sehen wir auch an
der hohen Oberflächenspannung von Wasser. Eine Stahlnadel –
siebenmal dichter als Wasser – kann auf dieser Oberflächenspannung schwimmen.

Stahlnadel
schwimmt
auf der
Wasseroberfläche

Kaum bekannt ist weiterhin,
- daß sich Schallwellen im Wasser *viermal schneller* fortpflanzen, als in der Luft.
- daß „*reines*" Wasser entgegen landläufiger Memung keinen Strom leitet.
- daß Wasser ein universelles Lösungsmittel ist, dem auf Dauer kein Material – Eisen, Stein, Mineralien etc. standhalten kann.

Doch zurück zum Wasser als lebensspendendes Element

Haben Sie sich nie gefragt, wie in Bäumen das Wasser von den Wurzeln bis in die höchsten Spitzen gelangt? Bäume haben ja keine Muskeln, die Wasser nach oben pressen könnten. – Wie kommt das Wasser dort hinauf ?

Verantwortlich für diese oft hunderte von Metern hohe Klettertour des Wassers ist der sogenannte *Kapillareffekt,* den wir auch an der Innenwand von Wassergläsern beobachten können.

Ursache sind hier ebenfalls die Wasserstoffbrücken. Die Wassermoleküle bauen zu der nassen Glaswand Wasserstoffbrücken, mit denen sie sich über die Wasseroberfläche hinaus an der Wand hochziehen. In dünnen Glasröhrchen ist dieser Effekt noch ausgeprägter und in den Adern eines Baumes wird er zu einem lebensspendenden Mechanismus. Ohne den Kapillareffekt wäre Pflanzenleben nicht möglich.

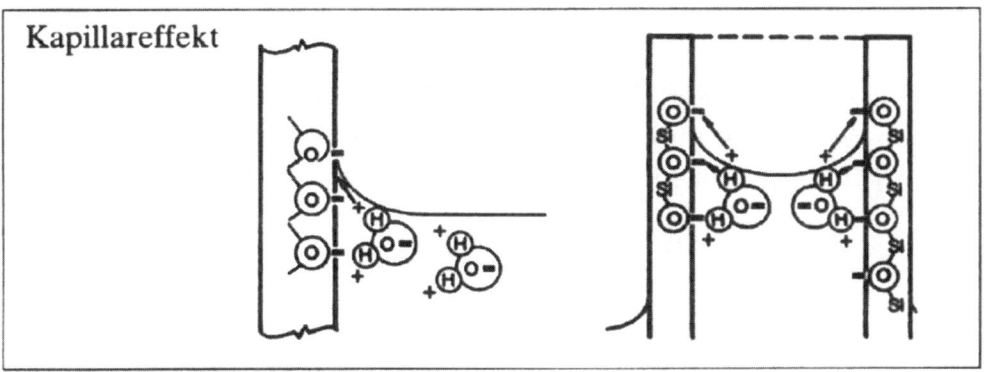

Kapillareffekt

Die Wasserstoffatome des Wassers bauen zu den Sauerstoffatomen der Glaswand Brücken auf und ziehen sich damit „Hand über Hand" an der Glaswand hoch. In sehr dünnen Rohren ist dieser Effekt ausgeprägter.

Auch gefrorenes Wasser – Eis – ist im Vergleich zu anderen Substanzen äußerst ungewöhnlich. Statt sich wie alle anderen Elemente durch Abkühlung zu verdichten, bilden sich im Inneren des Eises große Hohlräume. Durch diese Hohlräume und seine spezielle spezifische Dichte wird das Eis leichter als Wasser und kann schwimmen.

Das mag ja alles stimmen – werden Sie denken, aber was ist daran so aufregend?

Nun – stellen Sie sich eine Welt vor, in der sich Wasser nicht „*gegen die Regeln*", sondern wie ein „*normales*" Element reagiert.

Was wäre, wenn sich Wasser „normal" verhalten würde ?

– Im Winter würde das Eis in unseren Flüssen auf den Boden
  des Flußbettes sinken. An der Oberfläche könnte sich keine
  isolierende Schicht bilden, unter der das Wasser weiterfließt.
  Ohne schützende Isolierung würde jedoch mehr und mehr
  Wasser gefrieren, bis schließlich nur noch ein Rinnsal auf einer soliden Eisunterlage übrigbleibt.
– Alle unsere Seen würden von unten nach oben gefrieren und
  damit jeden Winter ihr gesamtes biologisches Leben zerstö-
  ren.
– Ohne die Fähigkeit des Wassers, Wärme und Kälte über lange
  Zeiträume zu speichern und nur langsam abzugeben, würden
  die Lufttemperaturen um Hunderte von Grad schwanken.
  Wie in ausgedehnten Wüstengebieten ohne große Wasserflächen könnten die Temperaturen tagsüber bis über fünfund-
  dreißig Grad Celsius ansteigen und in der Nacht bis weit unter
  null Grad abfallen.
– Der Wind wäre nicht durch Luftfeuchtigkeit gebremst und
  Stürme würden ständig über die Erdoberfläche toben.

Ohne die Anomalien des Wassers wäre Leben - wie wir es
kennen - auf der Erde nicht möglich.

Sie sehen, was für ein faszinierendes Thema Wasser sein kann.

Viele seiner seltsamen und subtilen Eigenschaften sind kaum
erforscht und viele vermutlich noch nicht einmal entdeckt.

Wir wissen jedoch, daß die Qualität unseres Trinkwassers
großen Einfluß auf unsere Gesundheit hat.

Deshalb wollen wir uns einmal ansehen, wie es um das Wasser
bestellt ist, das wir täglich zu uns nehmen.

Hamburger Abendblatt

Sonnabend/Sonntag, 30. Sept./1. Okt. 1989

Gift frei Haus?

Von Sonntag an: Strengere Grenzwerte für das Trinkwasser — doch die Praxis sieht anders aus

Wenn Sie am Sonntag ihren Wasserhahn aufdrehen, müßte Ihnen eigentlich ganz besonders sauberes Wasser aus der Leitung entgegenfließen. Am 1. Oktober tritt die neue Trinkwasserverordnung in Kraft. Ein Liter darf dann höchstens noch ein zehnmillionstel Gramm eines Pestizids enthalten. Aber ist unser wichtigstes Lebensmittel überhaupt noch zu retten?

Tausend Werke müßten schließen

Wielange können wir noch bedenkenlos den Hahn aufdrehen? Tag für Tag lassen wir 45 Liter Wasser die Toilette runterrauschen, 20 Liter verbrauchen wir zum Waschen schmutzi-

ger Wäsche und je zehn Liter um uns und unser Auto zu reinigen. Greenpeace startet heute in 45 Städten eine „Aktion gegen den Wassernotstand"

Selbst wenn von heute auf morgen kein Unkrautmittel mehr verwendet werden dürfte, würde die Wasserqualität weiter sinken. Denn das meiste in den letzten Jahrzehnten ausgebrachte Gift steckt noch im Boden und erreicht erst später das Grundwasser.

Bei diesen Aussichten tröstet auch nicht der Blick über die Grenze. Die Niederländer verbrauchen pro Hektar das vierfache, nämlich 20 Kilogramm, an Pflanzenschutzmitteln. Was dort in manchen Gemeinden als Trinkwasser aus dem Hahn fließt, ginge bei uns allenfalls als Sondermüll durch.

Noch können die größeren Wasserwerke in der Bundesrepublik die Pestizidbelastung ihrer Trinkwasser-Reservoire bewältigen. Doch die Aufbereitung verschlingt eine Menge Steuergeld: 1988 waren es 100 Millionen Mark.

Nicht nur die staatlich geduldete und geförderte Brunnenvergiftung macht H_2O allmählich zu einem Luxusgut. Es ist auch die unglaubliche Verschwendung. In dem Glauben, Wasser sei auf der Erde im Überfluß vorhanden, verplempern wir unvorstellbare Mengen. Tatsächlich aber wird das wirklich nutzbare Trinkwasser immer knapper.

Von den 42 Milliarden Kubikmetern Wasser, die in der Bundesrepublik pro Jahr verbraucht werden, gehen 90 Pro-

Rostock Trinkwasser eine Zeitbombe

Wissenschaftler schlägt Alarm: Durchfall, Krebsgefahr

19

stern

Wie der Quell
des Lebens
vergiftet wird

Vorsicht,
Trinkwasser !

TEIL II

WO KOMMT WASSER ÜBERHAUPT HER?

Zunächst einmal – alles Wasser, das wir heute trinken, ist das gleiche Wasser, das unsere Vorfahren vor 2.000 Jahren schon getrunken haben und das vor 10.000 Jahren und auch vor 100.000 Jahren schon existierte.

Wir haben auf der Erde eine begrenzte Menge Wasser, zu der nichts hinzukommt und von der auch kaum etwas verschwindet.

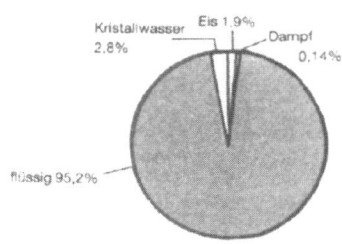

Wasservorkommen der Erde

Der weitaus größte Teil dieses Wassers bedeckt in Form von Meeren ca. 70% der Erdoberfläche. Es ist Salzwasser, das für uns in dieser Form nicht genießbar ist.

Nur etwa 1 % des gesamten Wasservorrates unserer Erde ist Süßwasser. 99% sind entweder Salzwasser, Eis oder Dampf.

Alles Wasser befindet sich in einem ständigen Kreislauf. Es wird an der Erdoberfläche von der Sonne erwärmt – verdunstet – sammelt sich in Form von Wolken – fällt als Regen wieder zur Erde – und dringt, sofern es nicht in Flüsse oder Seen fällt, in den Boden ein.

Im Boden sickert es – manchmal über Jahrzehnte hinweg – durch mehr oder weniger mineralhaltige Schichten, bis es sich in Grundwasserströmen sammelt und schließlich als Quellwasser wieder zutage tritt.

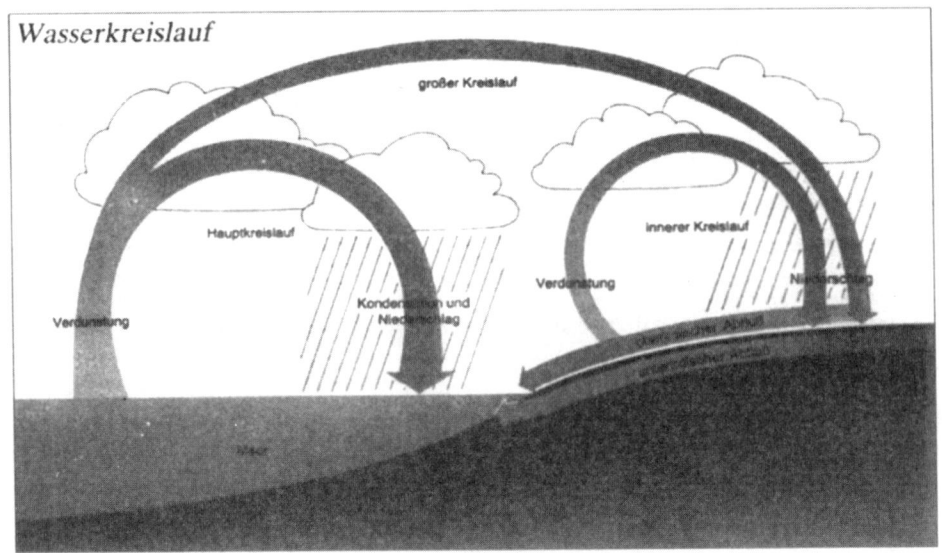

Wasserkreislauf

Dieser Kreislauf funktionierte seit Äonen ohne Probleme, bis der Mensch anfing, große Mengen an Dünger, Pestiziden, Herbiziden und Chemikalien darin einzubringen.

Normalerweise wird Wasser durch Verdunstung von allen Verunreinigungen gereinigt – der Regentropfen, der zur Erde fällt, sollte völlig sauberes Wasser enthalten.

Wir wissen inzwischen aber, daß Regen oft schon in der Luft verunreinigt wird und vielfach sauer unten ankommt. Hier wäscht er die auf der Erdoberfläche aufgebrachten Dünger, Herbizide und Pestizide in den Boden. Damit nicht genug, löst das saure, aggressive Wasser auch jede Menge Chemikalien, die es auf seinem Weg antrifft.

Dieses oft schon hochbelastete Wasser sickert nun langsam durch mineralhaltige Bodenschichten. Früher wurde das Wasser hier wie in einem großen Filter von dem Schmutz gereinigt, den es an der Erdoberfläche aufgenommen hat. Inzwischen wagt jedoch niemand mehr überhaupt Vermutungen anzustellen, wie die im Wasser gelösten Chemikalien und Schadstoffe mit den Mineralien und auch untereinander reagieren. Fest steht, daß die Endprodukte im besten Fall neutral sein dürften, im schlechtesten Fall hier aber weitere giftige Schadstoffe entstehen.

22

Chlor – eine erschreckende zusätzliche Gefahr

Als würden all die gefährlichen Chemikalien nicht schon ausreichen, gibt es seit kurzem neue Erkenntnisse über das Chlor, das seit Jahrzehnten zur Desinfektion unseres Trinkwassers eingesetzt wird.

Es wurde entdeckt, daß Chlor mit der organischen Materie reagiert, die in jeder Wasserversorgung vorhanden ist (Medical Tribune 1988). Dabei entstehen giftige organische Stoffe (THM), von denen man annimmt, daß sie das Risiko von Magen- und Darmkrebs um 100% erhöhen.

Und noch ein Problem

1989 fand eine Untersuchungskommission der britischen Regierung heraus, daß hoher Aluminiumgehalt im Trinkwasser die Alzheimersche Krankheit hervorrufen kann (Bericht im Wall Street Journal Januar 1989). Die Krankheit ist unheilbar und zerstört das Gehirn.

Aluminium wird jedoch von den Wasserwerken in Form von Aluminiumsulfat auf breiter Ebene zur Trinkwasseraufbereitung eingesetzt und befindet sich in gelöster Form im Leitungswasser.

Natürliche Verunreinigung

Nicht alle Verunreinigungen unseres Wassers werden vom Menschen verursacht. Wasser ist ein ausgezeichnetes Lösungsmittel und nimmt viele Stoffe auf, die in der Erde vorkommen. Unerwünschte Mineralien, Salze, Metalle, verrottete organische Materie und unzählige Bakterien und andere Mikroorganismen finden so Eingang in Oberflächenwasser und Grundwasser.

Zwar ist die Trinkwassersituation nicht in allen Gegenden gleich problematisch, doch ist es vermutlich nur noch eine Frage der Zeit, bis uns keine intakten Trinkwasserreserven mehr zur Verfügung stehen.

Soweit kurz der Hintergrund.

WIE KÖNNEN WIR FESTSTELLEN,
OB UNSER WASSER BELASTET IST?

1. **Schäumt** Ihr Wasser, wenn es ins Glas läuft?

2. Sieht Ihr Wasser **trübe** aus?

3. Ist Ihr Wasser **gefärbt**?

4. **Schmeckt** oder **riecht** Ihr Wasser seltsam?

5. Sammelt sich in Ihren Kochtöpfen **weißer Staub** oder **Kesselstein** an?

6. Haben Ihre Eiswürfel „**wolkige**" **Einschlüsse**?

7. Entstehen an Ihren Wasserhähnen **verkrustete Ablagerungen**?

Wenn Sie auch nur eine dieser Fragen mit „Ja" beantworten, haben Sie den Beweis, daß Ihr Wasser nicht nur Wasser, sondern auch andere Stoffe enthält.

Aber - viele Schadstoffe lassen sich nicht schmecken, sind farblos, haben keinen Geruch . . . **und sind daher auch nicht so leicht festzustellen!**

Welche Meßmethoden haben wir gerade für diese Stoffe und ab welchen Werten ist das Wasser nicht mehr genießbar?

Dazu folgende Überlegung :

Wir hatten oben erwähnt, daß Wasser durch Verdunsten gereinigt wird. Ein Liter reines Wasser enthält also keine wie auch immer gearteten Fremdstoffe. Damit haben wir unseren Nullpunkt.

Als leicht verständliche Maßeinheit für Verunreinigungen nehmen wir Milligramm pro Liter. Reines Wasser enthält null Milligramm Fremdstoffe pro Liter (0 mg/1).

24

Mit dieser Maßeinheit können wir eine Skala zusammenstellen, die uns schon einen guten Überblick bietet :

Weniger als 0,5 mg/l – ist Wasser mit Laborqualität
70 - 150 mg/l – haben wir im Flaschenwasser besserer Qualität
130 - 500 mg/l – erhalten wir normalerweise als Leitungswasser
über 500 mg/l – ist kaum mehr als Trinkwasser geeignet
35.000 - 45.000 mg/l – Meerwasser

Jetzt bräuchten wir eigentlich nur noch festzustellen, mit wieviel Milligramm pro Liter unser Leitungswasser belastet ist, um zu wissen, ob es genießbar ist oder nicht.

Doch leider genügt es nicht, diese Frage nur einmal zu beantworten, denn Leitungswasser variiert von Wasserwerk zu Wasserwerk und kann auch innerhalb eines Tages größeren Schwankungen unterworfen sein.

So gibt es in Großstädten oft mehrere Dutzend Wasserwerke, die die unterschiedlichsten Wasserqualitäten liefern.

Im allgemeinen treffen folgende Faustregeln zu :

– In Gebieten mit viel Landwirtschaft enthält Wasser oft Nitrat, Düngemittelreste, Pestizide und Herbizide.

– In Gebieten mit viel Industrie besteht immer die Gefahr, daß Chemikalien und Ölrückstände in das Grundwasser gelangen können.

– In Großstädten haben Sie vielfach ein breites Spektrum an Qualitätsstufen mit großen Veränderungen innerhalb kurzer Zeiträume. Da die Städte ihr Wasser oft aus entfernten Gebieten mit unterschiedlich starken Belastungen erhalten, wird „gutes" Wasser mit hochbelastetem Wasser „verschnitten", um die Grenzwerte der Trinkwasserverordnung einhalten zu können.

Natürlich überwachen die Wasserwerke die Wasserqualität. Große Wasserwerke testen das Wasser manchmal auf bis über

100 Inhaltsstoffe. Doch im Vergleich zu den ca. 130.000 vom Menschen produzierten Chemikalien, für die es vielfach noch nicht einmal Nachweismethoden gibt, ist dies eher ein Tropfen auf dem heißen Stein.

Wie können wir nun feststellen, wie hoch UNSER Wasser belastet ist?

Es gibt offizielle Wasserlabore, die Wasser auf 6 bis 20 Inhaltsstoffe testen. Diese Tests sind jedoch nicht ganz billig und werden mit jedem zusätzlichen Test teurer.

Wenn Sie dann nach ein bis zwei Wochen die Ergebnisse erhalten, kann sich die Wasserzusammensetzung in der Zwischenzeit schon wesentlich verändert haben. Sie erhalten also nie einen Einblick in die derzeit aktuelle Belastung.

Zu Ihrer Sicherheit: Testen Sie selber!

Glücklicherweise gibt es inzwischen auch für den Haushalt preisgünstige Meßinstrumente und Teststreifen, mit denen Sie die Belastung Ihres Leitungswassers unabhängig von Laboren selbst feststellen und überwachen können.

TESTSTREIFEN

Teststreifen, die Auskunft über eine ganze Reihe von Wasserinhaltsstoffen geben, sind in den letzten Jahren durch Presse und Fernsehen schon recht bekannt geworden. Sie sind preisgünstig und in fast jeder Apotheke zu erhalten.

Leider gibt es bei diesen Streifen sehr hohe Qualitätsunterschiede und es eignen sich auch nicht alle Wasserinhaltsstoffe für diese doch recht einfachen Tests. Mit Teststreifen läßt sich meistens nur *die Anwesenheit eines bestimmten Stoffes* feststellen, die Mengenbestimmung ist oft ungenau.

Präzisere Ergebnisse erhalten Sie mit

REAGENZIEN

Viele Wasserinhaltsstoffe lassen sich durch Reagenzien nachweisen, die das Wasser verfärben. Durch Vergleich der verfärbten Wasserprobe mit einer geeichten Farbskala erhalten Sie dabei nicht nur den Nachweis eines bestimmten Stoffes, sondern auch eine präzise Mengenbestimmung.

Der Preis für Reagenzien hängt von dem gesuchten Stoff ab. Die Anschaffung eines Testsets lohnt sich allerdings nur, wenn Sie mehrfach nach *einem* bestimmten Inhaltsstoff suchen wollen und exakte Mengenangaben brauchen.

Wasser auf *alle* seine Inhaltsstoffe zu testen, ist so gut wie unmöglich, da es für viele Chemikalien noch nicht einmal Nachweismethoden gibt. Zudem reagieren viele Stoffe im Wasser miteinander und müssen vor einer genauen Bestimmung oft erst umständlich voneinander getrennt werden. Derartige Untersuchungen sind aufwendig und teuer und lassen sich nur in speziell dafür ausgerüsteten Labors durchführen.

TDS-TESTER

Auskunft über die *Gesamtbelastung* Ihres Leitungs- oder Flaschenwassers mit gelösten Stoffen (z. B. Schwermetalle, Nitrate, Pestizide, Pflanzenschutzmittel, Chemikalien etc.) liefert Ihnen ein sogenannter *„TDS-Tester“*.

Das Meßinstrument zeigt an, welche Mengen an Stoffen im Wasser gelöst sind, die nicht *Wasser sind*. Mit einem guten TDS-Tester erhalten Sie Einblick in die Menge der Substanzen, die im Wasser nicht mit bloßem Auge zu erkennen sind.

Die Abkürzung *„TDS“* bedeutet *„Total Dissolved Solids“*, was etwa mit *„Gesamtmenge gelöster Stoffe“* übersetzt werden kann.

Das Messen mit einem TDS-Tester ist einfacher und schneller, als mit Reagenzien. Die meisten dieser Geräte sind batteriebetrieben. Sie messen, wieviel Elektrizität in der Wasserprobe von einer Elektrode zur anderen fließt. Je mehr Stoffe im Wasser gelöst sind, desto mehr Elektrizität fließt.

Die Maßeinheit der meisten TDS-Tester ist **ppm** (**p**arts **p**er **m**illion). Sie zeigt an, wieviel Fremdmoleküle in jeweils einer Million Wassermoleküle vorhanden sind – ppm entspricht in etwa *Milligramm pro Liter*.

Ein Beispiel: Wenn Sie ein Kilo Salz in einer Million Liter Wasser (=1 Million Kilo) auflösen, erhalten Sie 1 Milligramm Salz pro Liter (=1 ppm).

Achten Sie beim Kauf eines TDS-Testers darauf, daß das Gerät einen automatischen Temperaturabgleich vornimmt, da die Temperatur des gemessenen Wassers großeñ Einfluß auf das Meßergebnis hat.

Im Anhang E finden Sie Bezugsquellen für die oben aufgeführten Testsysteme.

Jetzt haben Sie die Belastung Ihres Trinkwassers festgestellt, stehen aber immer noch vor Ihrem Wasserhahn und wissen nicht, WAS Sie nun tun sollen.

WIE ERHALTEN WIR SAUBERES WASSER ?

Viele Menschen sind intuitiv von der Qualität dessen, was aus ihrem Wasserhahn kommt, nicht mehr überzeugt. Bei einer Umfrage anläßlich einer Messe in einer deutschen Großstadt waren von 2.700 Befragten nur 10 bereit, ihr Leitungswasser ohne Einschränkung zu trinken. Alle anderen – also über 99 Prozent – gaben an, daß sie für ihr *Trink*wasser zu allen möglichen Alternativen griffen.

Gerade im Trinkwasserbereich entstand in den letzten Jahren eine gewaltige Industrie, die inzwischen eine fast unüberschaubare Vielfalt an Filtern, Reinigungsmethoden und Ersatz-Trinkwässern anbietet. Darin gibt es jedoch große Qualitäts- und Preisunterschiede, die ohne aufwendiges Hintergrundstudium kaum beurteilt werden können.

Um ihnen eine Überblick zu verschaffen, haben wir auf den nächsten Seiten die wichtigsten Alternativen in fünf großen Gruppen zusammengefaßt und bewertet:
– Mineral- und Flaschenwasser
– Filter
– Ionenaustauscher
– Destilliergeräte
– Umkehr-Osmose-Systeme

Mineral- und Flaschenwasser
Sie kaufen sich Quellwasser oder
Mineralwasser in Flaschen.

Da haben sie
– viel und schwer zu schleppen,
– müssen Lagerraum bereitstellen,
– die leeren Flaschen beseitigen und
– bezahlen dafür zwischen 0,50 und 2,20 DM pro Flasche.
Doch haben Sie das Problem damit gelöst?

Die Zeitschrift NATUR untersuchte im Jahre 1987 240 der meistverkauften Flaschenwasser in Deutschland und stelle dabei fest, daß *mehr als die Hälfte nicht der deutschen Trinkwasserverordnung entsprechen würde.* In einigen Flaschen wurde sogar Arsen gefunden.

Was ist überbaupt Flaschenwasser?

Die wenigsten wissen, daß Quell- oder Tafelwasser kaum etwas anderes ist als Leitungswasser.

- **Quellwasser** muß laut deutscher Mineral- und Tafelwasserverordnung *„seinen Ursprung in einem unterirdischen Wasservorkommen haben"* und am Quellort abgefüllt werden. Es darf nachbehandelt werden.
- **Tafelwasser** ist oft nichts anderes als in Flaschen abgefülltes Trinkwasser. D.h. es wird einfach der Hahn aufgedreht, Leitungswasser in Flaschen abgefüllt und dann verkauft. Tafelwasser darf durch Zusätze *„veredelt"* werden.
- **Mineralwasser** - in der Mineral- und Tafelwasserverordnung *„Natürliches Mineralwasser"* genannt, muß aus einem unterirdischen Wasservorkommen stammen, das vor Verunreinigungen geschützt ist. Das Etikett der Flasche muß einen Auszug aus der Wasseranalyse enthalten. Dieser Auszug braucht jedoch nur die *„charakterisierenden Bestandteile"* anzugeben, nicht jedoch, ob das Wasser Schadstoffe wie beispielsweise Nitrat enthält.

Das heißt im Klartext, es wird anfangs eine Wasseranalyse bei einem Institut mit gutem Namen in Auftrag gegeben und danach das Wasser kaum wieder getestet. Die Regierung überwacht Mineralwässer nicht von sich aus. Nur wenn Beschwerden geäußert werden, wird das Wasser untersucht.

Da sich die Qualität der Grundwasserströme aber ständig verändert, wissen Sie nie, was Sie da nun eigentlich trinken. Außerdem beziehen sich die auf dem Etikett aufgedruckten Inhaltsstoffe immer nur auf den Tag der Analyse und dieser Tag kann schon lange Jahre zurückliegen. – Achten Sie einmal darauf.

Einige Quell- und Tafelwasser sind in Plastikflaschen verpackt. Im Wasser dieser Flaschen wurden große Mengen unbekannter organischer Stoffe gefunden, die sich aus dem Plastik gelöst haben. Je länger Plastikflaschen gelagert werden, desto mehr Stoffe lösen sich. Als Haltbarkeitszeitraum werden oft mehrere Jahre angegeben. Doch selbst wenn dieses Datum noch nicht überschritten ist, wissen Sie nie, *wie lange die Flasche, die Sie gerade kaufen wollen, schon im Regal gestanden hat.*

Abgesehen von den Qualitätsproblemen wird folgende wichtige Frage fast immer völlig vernachlässigt:

Wie teuer ist Flaschenwasser?

Es ist heute zu einer Selbstverständlichkeit geworden, Mineral- und Flaschenwasser als Ersatz-Trinkwasser zu verwenden. Die Flaschen werden kistenweise aus dem Getränkemarkt geholt und scheinen im Vergleich zu anderen Getränken billig zu sein.

Kaum jemand denkt jedoch daran, daß sich diese „*kleinen Beträge*" addieren und dabei schon über kurze Zeiträume stattliche Summen zusammenkommen:

Eine vierköpfige Familie braucht pro Person ca. 2 Liter Wasser pro Tag zum Trinken und Kochen – das sind 8 Liter pro Tag, 240 Liter pro Monat. Bei einem Preis von durchschnittlich 1,– DM pro Liter kostet das **jeden Monat 240 DM.** (Denken Sie daran, daß viele Flaschen nur 0,7 Liter enthalten.)

Stellen Sie selbst einmal fest, wieviel Geld Sie für ihr Flaschenwasser pro Monat und über die Jahre ausgeben – die Summen werden Sie beeindrucken. Die Tabellen im Anhang C geben Ihnen Auskunft.

Welche Möglichkeiten haben Sie noch?

Filter

Sie können Ihr Wasser filtern.

Hier wird eine ganze Reihe von Erzeugnissen angeboten, , die in der Hauptsache mit *Kohlefiltern* arbeiten.
- Einige Geräte werden an den Wasserhahn angeschlossen,
- andere in Form einer Filterpatrone geliefert, durch die das benötigte Wasser in ein Gefäß gegossen wird.

Die Fähigkeit von Kohlefiltern, Schadstoffe aufzunehmen, ist recht begrenzt. Besonders die Leistung der kleinen Durchlaufkartuschen für den Haushalt ist nur selten konstant. Zurückgehalten werden dabei hauptsächlich schlechter Geruch und Geschmack, einige organische Stoffe, Chlor und Chlornebenprodukte.

Kohlefilter entfernen fast keine
- Bakterien,
- Nitrate,
- Waschmittelrückstände,
- Asbest und
- nur wenig der im Wasser gelösten Stoffe wie Schwermetalle (z.B. Arsen, Kupfer, Blei) und chemische Abfallstoffe.

Kontaktzeit

Extrem wichtig bei Kohlefiltern ist die *Kontaktzeit* des Wassers mit dem Filtermedium. Je länger das Wasser mit der Kohle in Kontakt ist, desto mehr Zeit hat der Filter, Schadstoffe aufzunehmen.

Die Kontaktzeit der kleinen - sehr weit verbreiteten - Filterkartuschen ist extrem kurz: meistens nur 3 bis 5 Sekunden.

Die meisten Kartuschen enthalten ein loses Granulat, das sich in dem Gehäuse frei bewegen kann. Sie können es hören, wenn Sie die Kartusche an Ihr Ohr halten und kurz schütteln. Das Wasser, das Sie hineingießen, bildet schon nach kurzem Gebrauch

Kanäle im Granulat, durch die es hindurchströmt, OHNE ÜBERHAUPT MIT DEM FILTERMEDIUM IN KONTAKT ZU KOMMEN.

Kohlefilter - egal ob in Form einer separaten Filterpatrone oder an den Wasserhahn angeschraubt - haben noch zwei weitere schwerwiegende Nachteile:

– **Erstens** bilden sich darin leicht Bakterienkolonien. Einige Hersteller imprägnieren die Kohle mit Silber, die das Bakterienwachstum verhindern soll, doch funktioniert dieser Mechanismus nur teilweise. Außerdem ist Silber in dieser Form nicht nur für Bakterien giftig, sondern auch für den menschlichen Organismus.

– **Zweitens** haben Kohlefilter die unangenehme Eigenschaft „AUSZUBLUTEN". Das bedeutet: der Filter nimmt solange Schadstoffe auf, bis seine Kapazitätsgrenze erreicht ist. Wird er nicht rechtzeitig ausgetauscht, dann gibt er zu einem unberechenbaren Zeitpunkt große Mengen der gespeicherten Schadstoffe AUF EINMAL ab. Das „gefilterte" Wasser ist dann weit höher belastet als das Wasser, das Sie oben hineingießen, – MÖGLICHERWEISE SO HOCH BELASTET, DASS SIE SCHON VON EINEM GLAS KRANK WERDEN KÖNNEN.

Die meisten der kleinen Filterkartuschen sind viel zu lange im Einsatz, da sie die verbrauchte Kapazität nicht anzeigen. Die Filterpatronen sollten daher oft erneuert werden und sind im Preis-Leistungsverhältnis eigentlich zu teuer.

Größere industrielle Kohlefilter enthalten zumeist dicht gepackte granulierte Aktivkohle oder Aktivkohle in Blockform. Sie haben Kontaktzeiten von fünf Minuten bis zu einer Stunde, arbeiten wesentlich konstanter und weisen in ihrem Leistungsbereich eine höhere Effektivität auf.

Ionenaustauscher

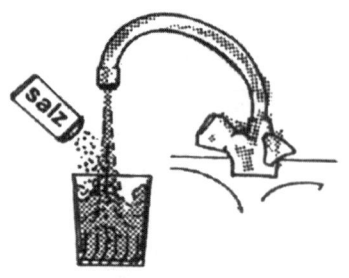

Ionenaustauscher machen Ihr Leitungswasser „*weich*".

Sie kennen den Vorgang von Ihrer Waschmaschine, wenn Sie mit dem Waschmittel einen „*Weichmacher*" ins Wasser geben, um keine steifen Handtücher zu erhalten.

Die Ionenaustauscher der Trinkwasseraufbereitung arbeiten auf ähnliche Weise. In der Aufbereitungskartusche befindet sich ein Spezialharz, das die Härteionen des Wassers (hauptsächlich Kalzium und Magnesium) anzieht und sie gegen Salz (Natrium) austauscht. Die Härteionen werden dabei in der Kartusche zurückgehalten, während das Salz in das Wasser abgegeben wird und es mit Natrium anreichert. Der Vorgang entzieht dem Wasser nur wenige Schadstoffe.

Mit einigen der kleineren Tischgeräte läßt sich Nitrat bis zu einer bestimmten Konzentration aus dem Roh-Wasser entfernen. Ihre Kapazität ist im allgemeinen jedoch schnell erschöpft. Für die Entfernung hoher Nitratmengen (über 50 mg/1 im Roh-Wasser) eignen sich diese Geräte nicht.

Auch einige kleine Kohlefilterkartuschen enthalten Ionenaustauscher in Granulatform. Die Wirksamkeit ist jedoch umstritten.

Destilliergeräte

Destilliertes Wasser ist eine der saubersten Formen von Wasser, die wir kennen.

Bei der Destillierung wird Leitungswasser zum Kochen gebracht. Der dabei entstehende Wasserdampf wird in ein zweites Gefäß oder eine Kühlschlange geleitet, dort abgekühlt und verwandelt sich dabei wieder in flüssiges Wasser, das weitgehend frei von Verunreinigungen ist. Die Abfallstoffe bleiben im Kochgefäß zurück.

Im Gegensatz zur landläufigen Meinung ist destilliertes Wasser sehr wohl für den menschlichen Genuß geeignet. Es wird sogar von Ärzten für therapeutische Zwecke eingesetzt.

Destilliergeräte erzielen eine hohe Reinigungswirkung, haben aber mehrere große Nachteile:
- Die Destillierung entfernt nicht alle Verunreinigungen. Einige Schadstoffe (THM, TCE und andere organische Chemikalien) haben einen niedrigeren Siedepunkt als Wasser. Sie verdampfen ebenfalls und werden ins gereinigte Trinkwasser übernommen.

- Bei der Erhitzung schlagen sich harte Verunreinigungen und Mineralsalze am Boden der Kochkammer und auf den Heizstäben nieder. Diese Verkrustungen können den Erhitzungsvorgang behindern und müssen mit speziellen Reinigungsflüssigkeiten oder einer Drahtbürste entfernt werden.

- Der Destilliervorgang verbraucht etwa 10 Liter Roh-Wasser, um einen Liter destilliertes Wasser zu erzeugen.

- Der Vorgang kostet viel elektrische Energie (ca.1 Kilowattstunde für einen Liter Wasser).

- Der Geschmack des Wasser leidet stark, – das Wasser schmeckt „fade", da die Destillierung dem Wasser Sauerstoff entzieht.

Umkehr-Osmose

Seit mehr als zwei Jahrzehnten gibt es für den Haushalt ein alternatives Verfahren zur Wasserreinigung, das durch seine Leistungsfähigkeit, einfache Handhabung und Umweltfreundlichkeit überzeugt: die **Umkehr-Osmose**.

Umkehr-Osmose-Geräte können bis zu 99 Prozent aller Verunreinigungen aus dem Leitungswasser entfernen. Sie sind preisgünstig und haben keine der Nachteile, die andere Verfahren aufweisen.

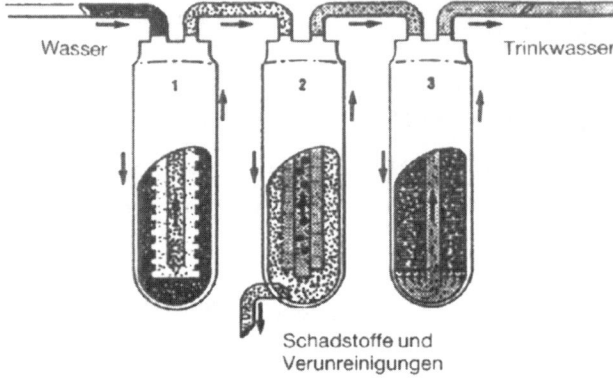

Wasser   1   2   3   Trinkwasser

Schadstoffe und
Verunreinigungen

In den USA und weiten Teilen Asiens gehören Umkehr-Osmose-Systeme bereits vielfach zur Standardausrüstung eines Haushalts; in Europa sind sie dagegen noch fast unbekannt.

Wegen der Bedeutung dieser modernen Technik für die Wasseraufbereitung stellen wir Ihnen die Umkehr-Osmose in einem eigenen Kapitel vor.

TEIL III

UMKEHR-OSMOSE

Anfang der Fünfziger Jahre entdeckte der Forscher Sourira-jan an der University of California ein neues Verfahren zur See-wasserentsalzung - die Umkehr-Osmose. Die neue Technik war so vielversprechend, daß die amerikanische Regierung gemein-sam mit einer Reihe bedeutender Firmen ein umfangreiches Pro-gramm aufstellte, um dieses Verfahren näher zu erforschen. In acht Jahren Entwicklungszeit entstand so die modernste und lei-stungsfähigste Wasseraufbereitungstechnik der heutigen Zeit.

Die Umkehr-Osmose wurde lange Zeit nur im industriellen Bereich eingesetzt, z.B. in der
– Lebensmittelindustrie,
– Glas- und Metallherstellung,
– Produktion von Computerplatinen,
– Pharmazeutik, etc.,

steht aber seit einiger Zeit auch für den Haushalt und Büro zur Verfügung.

Von Anfang an dabei war auch die Medizin, die Umkehr-Os-mose unter anderem zur Blutwäsche in Dialysegeräten und bei der Herstellung chemisch reinen Wassers einsetzt.

Eine der spektakulärsten Anwendungen der Umkehr-Osmose ist die Trinkwasseraufbereitung im Wasserkreislauf der Raum-fähren.

Was ist *Umkehr- Osmose?*
Umkehr-Osmose ist nicht ganz einfach zu erklären. Der dabei aktive Mechanismus begegnet uns im täglichen Leben sogut wie nie und auch die Funktionsmodelle erscheinen uns ungewöhn-

lich. Wir werden daher zunächst kurz den biologischen Vorgang erklären, aus dem die Umkehr-Osmose entstand: die **natürliche Osmose.**

Aus unserem täglichen Leben wissen wir, daß Wasser Materialien entweder durchdringt (z.B. Textilien), oder nicht durchdringt (z. B. Glas). Nun gibt es jedoch eine Reihe von Materialien, die Flüssigkeiten selektiv durchlassen. Eines dieser Materialien - mit dem wir normalerweise kaum etwas zu tun haben - ist die sogenannte *„halbdurchlässige (semipermeable) Membran"*.

Halbdurchlässige Membranen haben sehr seltsame Eigenschaften. Nehmen wir ein Glasgefäß, in dessen Mitte eine derartige Membran angebracht ist. Auf der einen Seite der Membran befindet sich Wasser mit **hohem** Salzgehalt und auf der anderen Seite reines Wasser **ohne** Salz.

Normalerweise wäre zu erwarten, daß der Wasserstand auf beiden Seiten der Membran gleich bleibt. Wenn wir jedoch einige Zeit verstreichen lassen, können wir beobachten, daß der Wasserpegel auf der Membranseite mit **hohem Salzgehalt** gegen jede Erwartung von selbst ansteigt.

Die Ursache für diesen unerwarteten Anstieg ist die Osmose-Membran. Sie versucht, den Salzgehalt der beiden Flüssigkeiten einander anzugleichen, indem sie reines Wasser auf die Seite mit hohem Salzgehalt schickt.

Dieser Mechanismus hat die eigenartige Erscheinung zur Folge, daß sich auf der einen Membranseite ein höherer Wasserstand bildet, als auf der anderen.

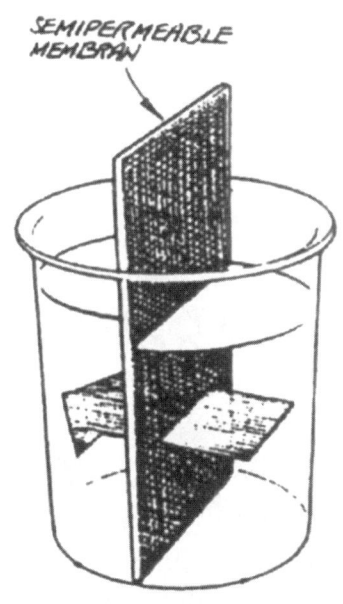

SEMIPERMEABLE MEMBRAN

Osmose

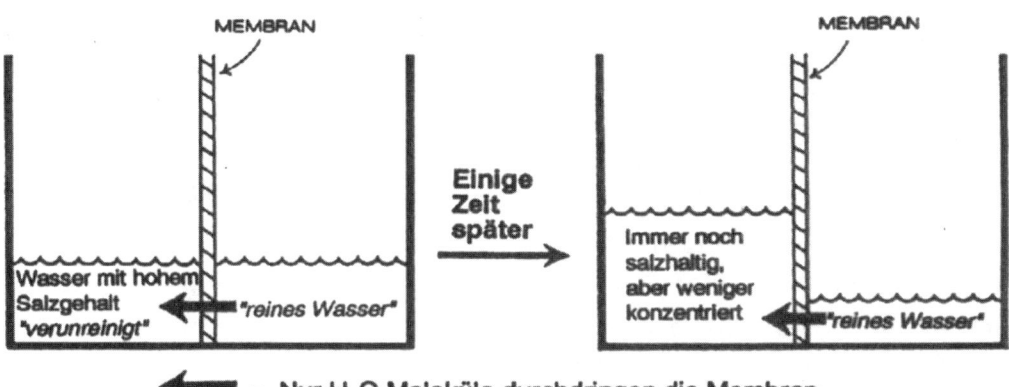

= Nur H_2O Moleküle durchdringen die Membran

Auf diese ungewöhnliche Eigenschaft der halbdurchlässigen Membranen wurde man zum ersten Mal vor etwa 200 Jahren aufmerksam, als beobachtet wurde, daß Schweinsblasen (eine organische Membran) Wasser nur von *einer* Seite aus passieren ließen.

Da Membranen aus Tierhäuten jedoch sehr unzuverlässig sind, konnte dieses Phänomen damals nicht genauer erforscht werden. Erst als es 1860 gelang, eine synthetische Membran herzustellen, ließ sich der Mechanismus der Osmose wissenschaftlich beschreiben.

Doch auch diese ersten synthetischen Membranen waren so unergiebig, daß fast weitere 100 Jahre vergehen mußten, bis auf dem Gebiet der Osmose wieder systematisch geforscht wurde.

1944 wurde dann die erste künstliche Niere mit einer Membran aus Cellophan gebaut.

1952 entdeckte Sourirajan, daß der Osmosevorgang auch umgekehrt werden konnte und sich dadurch fast alle Verunreinigungen aus dem Wasser entfernen ließen. Nun war das Interesse von Regierung und Industrie geweckt, denn schon zu demaligen Zeitpunkt war bekannt, daß die natürlichen Vorkommen an sauberem Wasser nicht ewig reichen würden.

Unterstützt durch ein immenses Förderprogramm wurde die Umkehr-Osmose zu einer hocheffektiven und kostengünstigen Technik entwickelt, die hochbelastetem Wasser die Schadstoffe entziehen und daraus Trinkwasser herstellen konnte.

Inzwischen ist die Umkehr-Osmose aus der Welt nicht mehr wegzudenken. So arbeitet beispielsweise mehr als ein Drittel aller Seewasseraufbereitungsanlagen am Persischen Golf mit Umkehr-Osmose. Der hohe Bedarf der Industrie an reinem Wasser ist ohne dieses Verfahren nicht mehr zu decken und auch die Lebensmittelherstellung kann heute ohne Umkehr-Osmose nicht mehr auskommen.

Wie funktioniert nun Umkehr-Osmose?

Ganz einfach - nehmen wir wieder unser Glasgefäß, in dessen Mitte eine Osmose-Membran angebracht ist. Wie beim Osmose-Modell befindet sich auf der einen Seite der Membran Wasser mit **hohem** Salzgehalt, die andere Seite ist jedoch leer.

Wenn wir nun auf die Flüssigkeit mit hohem Salzgehalt Druck ausüben, werden die **Wasser**moleküle durch die Membran auf die andere (leere) Seite gepreßt. Die **Salz**moleküle bleiben jedoch zurück, für sie ist die Membran eine unüberwindliche Barriere.

Umkehr-Osmose

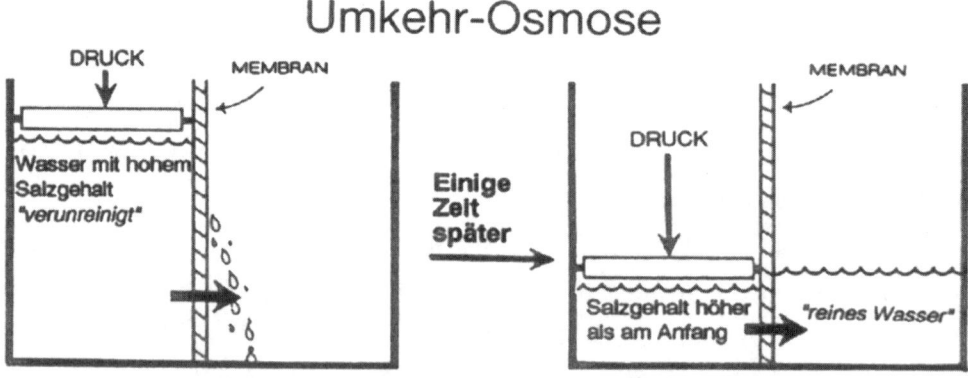

= Nur H_2O Moleküle durchdringen die Membran

Es gibt mehrere Gründe, warum Wasser die Membran durchdringen kann, Verunreinigungen jedoch nicht:

Zunächst einmal haben die Poren der Membran einen extrem kleinen Durchmesser (ca. 0,0001 Mikron = ca.100 Angström). Da die meisten Fremdstoffe im Wasser jedoch weit größer sind, passen sie schon von ihrem Durchmesser her nicht durch die Membran.

Das folgende Bild zeigt Ihnen die Größe von Bakterien und Viren im Vergleich zu einer Membranpore:

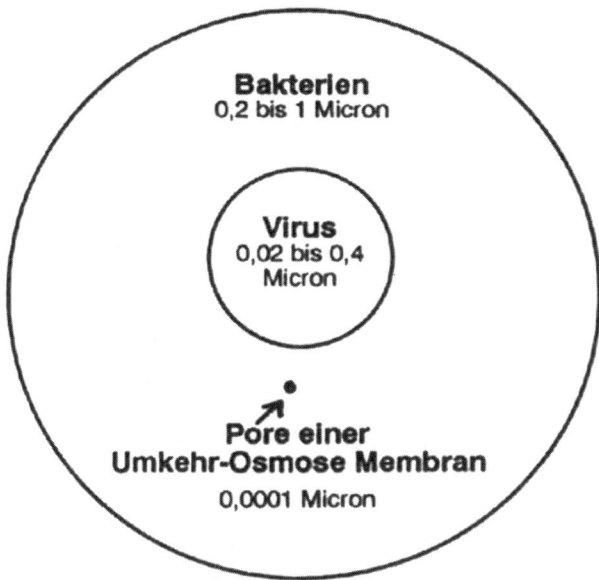

Auf einer Funktionsebene arbeitet die Membran also wie ein extrem feines Sieb. Diese Funktionsebene wird „Ultra-Filtration" genannt. Sie entfernt aus dem Wasser alle Schwebstoffe wie z.B. Asbest, Rost und Algen und weiterhin sogut wie alle Bakterien, Viren, Schwermetallkomplexe, Pestizide, Herbizide und alle organischen Moleküle mit einem Molekulargewicht über 300.

Es gibt aber noch eine weitere Funktionsebene, die die Wirksamkeit einer Membran um ein Vielfaches erhöht und die den eigentlichen Mechanismus der **Umkehr-Osmose** ausmacht:

Bei der Herstellung der Membran wird die Membranoberfläche durch einen komplizierten technischen Vorgang dauerhaft magnetisiert. Dadurch zieht die Membran alle Wassermoleküle wie magisch an und leitet sie durch sich hindurch. Alle anderen Moleküle, die nicht die magnetischen Eigenschaften von Wasser haben, werden durch die Magnetisierung abgestoßen.

Die Arbeitweise der Membran

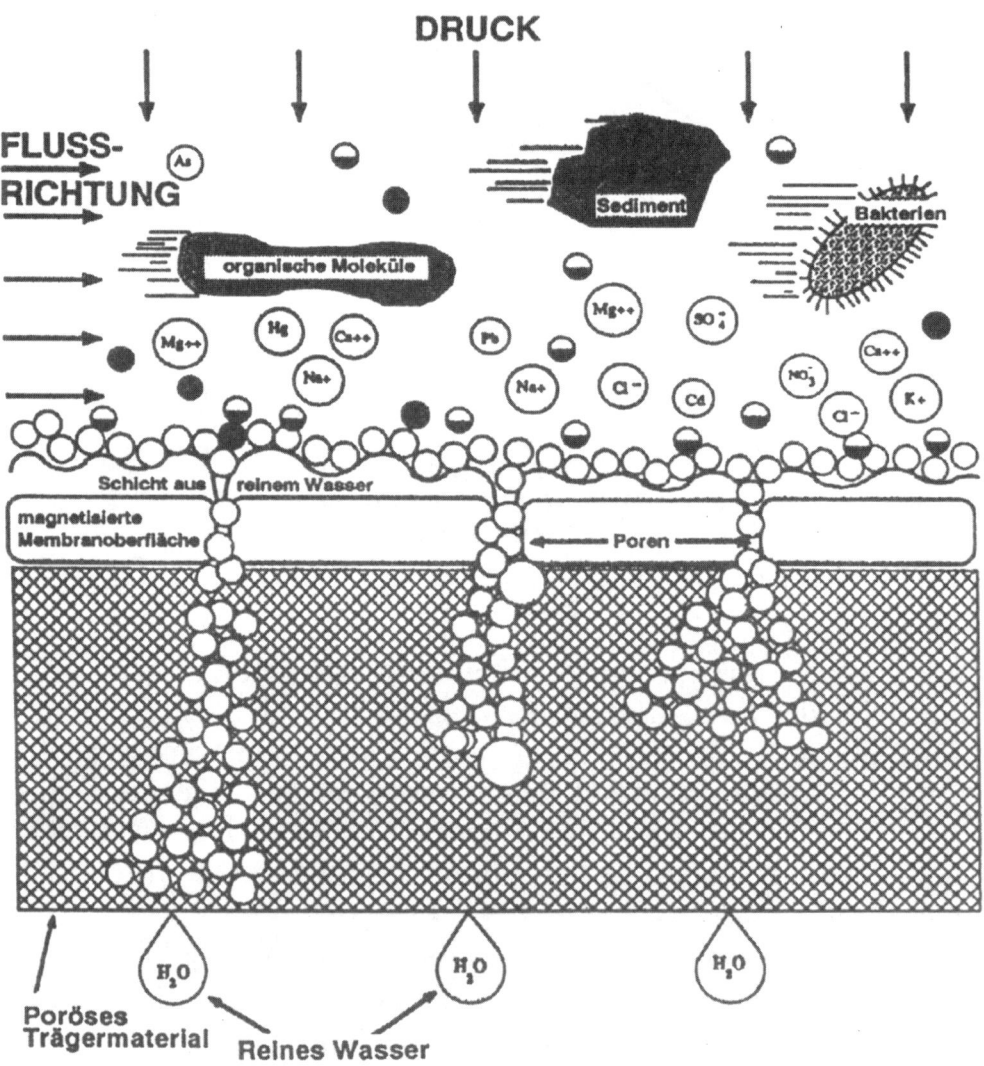

Auf dieser *eigentlichen* Umkehr-Osmose Ebene entfernt die Membran so gut wie alle Schwermetalle wie z. B. Arsen, Cadmium, Blei, Quecksilber, Silber, etc., so gut wie alle im Wasser gelösten Salze wie Barium, Chlorid, Chrom, Kupfer, Fluorid, Mangan, Nitrat, Selen, Sulfate usw. , weiterhin schwere Gifte wie Dioxin und Abfallprodukte der chemischen Industrie und sogar fast alle radioaktiven Elemente und deren Isotope wie z.B. Radium und Strontium.

Diese feine und zuverlässige Trennung auf Molekülebene ist es, welche die Umkehr-Osmose so sehr von allen anderen Wasserreinigungstechniken unterscheidet.

Die Magnetisierung der Membran prüft praktisch jedes Molekül im Rohwasser einzeln, läßt es dann durch die Membran hindurch oder weist es zurück.

Die große Gefahr der heutigen Wasserverschmutzung sind hauptsächlich Gifte, die im Wasser (vielleicht auch nur in kleinen Mengen) gelöst sind. Das molekulare Trennverfahren der Umkehr-Osmose bietet eine echte Sicherheit, daß alle Stoffe aus dem Wasser entfernt werden, die dem Menschen schaden könn-ten – wie z. B. Dioxin, das schon in einer extrem geringen Menge schwere Krankheiten verursachen kann.

Der Abtransport der Verunreinigungen

Damit die Schadstoffe sich nicht vor der Membran anreichern und den Osmose-Vorgang behindern können, wird ständig Rohwasser über die Membranoberfläche geleitet, das die Verunreinigungen wegspült und zum Abfluß transportiert.

Erleichtert wird dieser Vorgang durch eine Schicht aus reinem Wasser, die sich durch die Magnetisierung unmittelbar auf der Membranoberfläche bildet. Auf dieser *„Gleitschicht"* schweben die zurückgewiesenen Moleküle und Teilchen, ohne überhaupt mit der eigentlichen Membranoberfläche in Berührung zu kommen.

Der ständige Waschvorgang verhindert, daß die Poren der Membran verstopfen oder sich die unerwünschten zurückgewiesenen Stoffe darauf niederlassen.

Geschützt durch Gleitschicht und Selbstreinigung verlieren die Membranen daher auch über lange Zeiträume hinweg kaum etwas von ihren Eigenschaften. Durch diese Langlebigkeit und ihre verläßliche konstante Leistung eroberten sich die Umkehr-Osmose-Systeme schnell einen ständig wachsenden Anteil in Haushalt und Industrie.

Moderne Haushalts- und Bürosysteme

Die meisten modernen Umkehr-Osmose-Systeme für Haushalt und Büro bieten außer der Membran noch zusätzliche Reinigungsstufen,die die Vorteile der Umkehr-Osmose mit den Vorteilen der herkömmlichen Filtermethoden kombinieren.

So haben die meisten Haushaltssysteme zumindest einen Nachfilter aus Aktivkohle, der den Geschmack und Geruch des reinen Wassers noch zusätzlich *„poliert"*. Nicht wenige Geräte sind inzwischen mit einem Vorfilter ausgerüstet, der grobe Schwebstoffe aus dem Rohwasser nimmt und dadurch die Membran schützt.

Darüberhinaus gibt es Zusatzfilter mit hohen Kontaktzeiten, die speziell für das Abfangen bestimmter Verunreinigungen ausgelegt sind.

Für den Haushaltsbereich gibt es zwei Arten von Geräten:

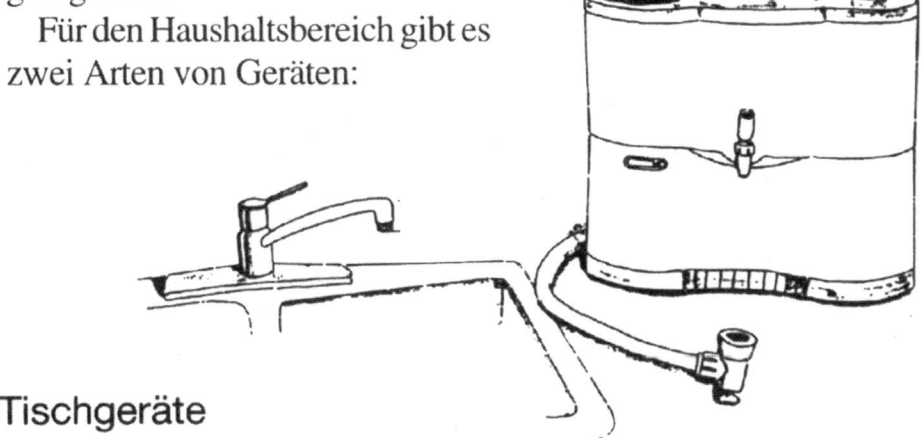

Tischgeräte

46

Tischgeräte stehen auf der Arbeitsplatte in der Nähe der Spüle und werden direkt an den Wasserhahn angeschlossen. Die meisten Geräte dieses Typs arbeiten ausschließlich mit dem Druck des Leitungswassersystems und brauchen keinen Elektroanschluß. Das saubere Wasser wird in einem Tank gesammelt, der im Chassis des Gerätes integriert ist. Tischgeräte lassen sich ohne großen Aufwand an- und abbauen und liefern im allgemeinen die gleiche Wasserqualität wie die

Einbaugeräte

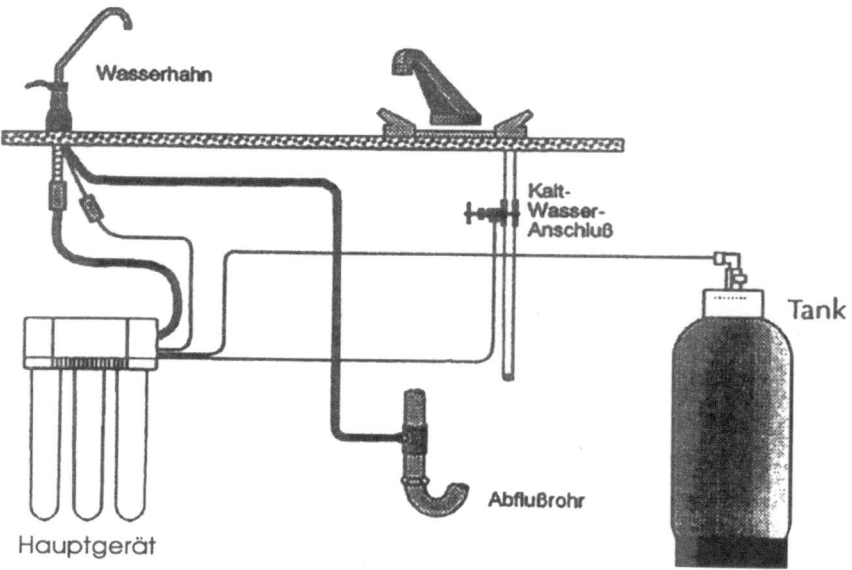

Einbaugeräte werden fest unter der Spüle installiert. Sie verfügen über einen separaten Tank und geben das gereinigte Wasser über einen eigenen Hahn ab, der neben dem normalen Wasserhahn installiert wird. Auch diese Geräte arbeiten hauptsächlich ohne Elektroanschluß nur mit dem Druck des Leitungswassersystems.

Vorteil dieser – meist etwas teureren – Geräte ist ihr automatischer Betrieb und die Tatsache, daß sie auf der Arbeitsplatte keinen Platz belegen. Die moderneren Einbausysteme verfügen über eine automatische Abschaltvorrichtung, die die Zufuhr des Leitungswassers stoppt, sobald der Tank gefüllt ist.

Tisch- wie Einbaugeräte liefern pro Tag zwischen 30 und 90 Liter reines Wasser – völlig ausreichend für einen normalen Haushaltsbedarf von ca. 2 Liter Trinkwasser pro Person. Auch den Wasserbedarf der meisten Büros decken diese Anlagen problemlos ab.

Für einen höheren Wasserbedarf werden inzwischen kleine, automatisch arbeitende Systeme angeboten, die mit einer Pumpe gekoppelt sind und pro Tag zwischen 350 und 500 Liter reines Wasser liefern.

Worauf Sie beim Kauf achten sollten

Wie in allen Branchen gibt es auch bei den Umkehr-Osmose-Geräten große Qualitätsunterschiede. Achten Sie beim Kauf auf folgende Merkmale:

1. Wasserverbrauch des Systems

Jedes Umkehr-Osmose-System braucht zur Reinigung der Membran eine gewisse Menge Wasser, um die Schadstoffe zum Abfluß zu transportieren.

Nach dem neuesten Stand der Membrantechnologie reichen 2 bis 3 Liter Abflußwasser aus, um alle Schadstoffe abzutransportieren, die bei der Produktion von einem Liter reinen Wassers anfallen. Diese 2 bis 3 Liter verhindern auch, daß sich Verunreinigungen auf die Membran setzen. Das Verhältnis Reinwasser zu Rohwasser sollte daher generell zwischen 1:2 und 1:4 liegen.

Bei Geräten, die weniger Abflußwasser benötigen, besteht die Gefahr, daß nicht alle Verunreinigungen entfernt werden und dadurch die Lebensdauer der Membran stark herabgesetzt wird.

Auch Geräte, die zur Herstellung einen Liters reinen Wassers weit mehr Abflußwasser (bis 1:25) benötigen, erzeugen dadurch noch kein sauberes Wasser. Der hohe Bedarf an Abflußwasser kann oft darauf zurückgeführt werden,daß Membranen minderer Qualität oder älterer Bauart eingebaut sind.

2. Lebensmittelechte Materialien

Tank und Filtermodule sollten aus geprüften, lebensmittelechten Materialien bestehen. Damit stellen Sie sicher, daß das gereinigte Wasser *nach* dem Reinigungsvorgang nicht unnötigerweise wieder verunreinigt werden kann.

3. Einfache Bedienung und Wartung

Sehen Sie sich bei Tischgeräten genau die Mechanik an, mit der das Gerät an den Wasserhahn angeschlossen wird. Die Koppelung sollte möglichst mit einem Handgriff - ohne zusätzliches Werkzeug – an- und abgenommen werden können und sich selbsttätig abdichten. Vermeiden Sie umständliche Schraubverbindungen.

Achten Sie bei Tisch- und Einbaugeräten weiterhin darauf, daß sich die Filtermodule problemlos wechseln lassen.

4. Gleichbleibende Wasserqualität

Einige Membrantypen erreichen bei bestimmten Schadstoffen keine konstanten Leistungen. So eignet sich beispielsweise eine CTA-Membran (Material: Cellulose-Triazetat) bei ansonsten hervorragenden Eigenschaften nicht für die dauerhafte Entfernung von Nitrat. Bei einem Nitratproblem im Leitungsvuasser sollten Sie daher eine *TFC* Membran (Material: Polyamid) einsetzen.

Kleine Umkehr-Osmose-Kartuschen

Kaum empfehlenswert sind kleine Umkehr-Osmose-Kartuschen, die vielfach ohne Zusatzfilter direkt an den Wasserhahn angeschraubt werden. Die Leistung dieser Geräte ist wegen der geringen Dimensionierung oftmals nicht konstant. Außerdem haben die Kartuschen im Vergleich zu den Tisch- und Einbauge-räten nur eine geringe Lebensdauer.

Wieviel reines Wasser braucht ein Haushalt pro Tag?

Denken Sie bei der Dimensionierung Ihrer Anlage daran, daß Sie *nicht alles* Wasser im Haushalt zu reinigen brauchen, son-dern nur das Wasser, das Sie zum *Trinken und Kochen* einsetzen wollen.

Statistisch gesehen verbrauchen wir pro Person und Tag zwar mindestens 150 Liter Wasser, doch verwenden wir davon nur ca. 2 Liter zum Kochen und Trinken - ca.100 Liter nehmen wir zum Baden, Duschen, Wäschewaschen, für die Geschirrspülma-schine, zum Rasensprengen etc. , und mit ca. 50 Litern spülen wir die Toilette.

Eine vierköpfige Familie braucht erfahrungsgemäß pro Tag zwischen 10 und 12 Liter reines Wasser. Die Kapazität einer nor-malen Tisch- oder Einbauanlage reicht dafür völlig aus.

Wie hoch sollte der Druck des Leitungswassers sein?

Entscheidend ist bei der Umkehr-Osmose, daß der Druck auf die Membran hoch genug ist, die Wassermoleküle zum Passieren der Membran zu bewegen. Bei Meerwasser ist wegen des hohen Salzgehaltes ein extrem hoher Druck (zwischen 60 und 80 bar) notwendig. Zur Reinigung von Leitungswasser genügt jedoch schon der vergleichsweise geringe Leitungsdruck von 3 bis 7 bar (bei Spezialmembranen auch schon 1,6 bis 7 bar).

Während die frühen kommerziellen Umkehr-Osmose-Sy-steme nur dann optimal arbeiteten, wenn der Druck auf die Membran konstant war, gibt es dieses Problem bei den moder-nen Membranen nicht mehr.

Die modernen Membranen funktionieren problemlos in ei-nem breiten Druckspektrum und passen sich schwankendem Leitungsdruck automatisch an.

Wofür läßt sich reines Wasser einsetzen?

Interessanterweise eignet sich durch Umkehr-Osmose gereinigtes, schadstoff-freies Wasser nicht nur zum Trinken und Kochen, sondern auch noch für eine Vielzahl weiterer Aufgaben.

— **Kaffee und Tee** entfalten ein weit intensiveres Aroma - Sie brauchen weniger Kaffee oder Tee zur Zubereitung.

— **Babynahrung**, die Sie mit gereinigtem Wasser zubereiten, enthält keine schädlichen Nitratmengen.

— **Eiswürfel** enthalten klareres, härteres Eis, das den Geschmack der Getränke beim Schmelzen nicht beeinflußt.

— **Luftbefeuchter** bilden auch bei intensivem Betrieb keine Krusten an den Verdunstungsteilen.

— **Seiden- und Wollkleidung** behält beim Waschen mit reinem Wasser seine Geschmeidigkeit.

— **Reinigungsflüssigkeiten**, die mit reinem Wasser gemischt werden, sind ergiebiger.

— In **Dampfbügeleisen, Kaffeemaschinen, Kochtöpfen und Wasserkesseln** bilden sich keine weißen Ablagerungen. Durch reines Wasser verlängern Sie außerdem die Lebensdauer dieser Haushaltsgeräte.

— **Wertvolle Kristallgläser** zerbrechen leicht beim Abtrocknen. Wenn Sie die Gläser nach dem Spülen in reines Wasser tauchen, können Sie die Gläser schlierenfrei an der Luft trocknen lassen.

Außerdem eignet sich reines Wasser ausgezeichnet zur Gesichts- und Haarpflege, für den Trinknapf von Haustieren, zum Fensterputzen, zum Einsatz im Photolabor und zur Bewässerung von Pflanzen.

TEIL IV

MINERALIEN UND TRINKWASSER

Mineralien sind für den menschlichen Körper mindestens ebenso lebenswichtig, wie die weitaus bekannteren Vitamine. Die wenigsten Menschen haben jedoch eine Vorstellung davon,

- *was Mineralien und Spurenelemente überhaupt sind,*

- *wieviele Mineralien wir täglich brauchen und welche Mengen im Körper vorhanden sein müssen,*

- *welche Mineralien für uns positiv, neutral oder sogar schädlich sind,*

- *wieviele und welche Mineralien im Trinkwasser vorkommen,*
- *woher wir Mineralien hauptsächlich erhalten und*

- *in welcher Form wir Mineralien am besten aufnehmen können.*

Wußten Sie außerdem,
daß Leitungswasser allein den Körper nicht ausreichend mit Mineralien versorgen kann, da es keine ausreichenden Mengen an Mineralien enthalten DARF, die den täglichen Bedarf decken könnten?

Wir haben Ihn,en das Wichtigste über **Mineralien, Spurenelemente** und deren Wirkung auf den menschlichen Körper einmal zusammengestellt.

Was sind Mineralien?

Viele Menschen verstehen unter Mineralien hauptsächlich Eisen, Kupfer, Zinn und andere Metalle, die die Industrie als Rohmaterialien benötigt. Der Begriff Mineralien geht jedoch über diese Vorstellung weit hinaus.

Laut Nachschlagewerk ist ein Mineral eine

> *„feste chemische Verbindung der Erdkruste, die aus anorganischen, natürlichen Vorgängen der Natur entstand".*

Es sind mehr als 2000 Mineralien bekannt, die grob in zwei große Gruppen unterteilt werden :

- *metallische Mineralien* wie z. B. Kalzium, Magnesium, Eisen, Kupfer etc.

- *nicht-metallische Mineralien* wie z. B. Phosphor, Schwefel, Jod, Selen etc.

Erst in den letzten zwanzig Jahren wird den Menschen mehr und mehr bewußt, daß einige metallische wie nicht-metallische Mineralien für das Funktionieren des menschlichen Körpers absolut lebensnotwendig sind.

Warum ist die Funktion der Mineralien kaum bekannt?

Obwohl die Bedeutung der Mineralien für unseren Körper schon seit Anfang des 19. Jahrhunderts erforscht wird, nahm man lange Zeit an, daß die meisten Mineralien keine Auswirkungen auf den Menschen haben, da sie nur in geringen Mengen im Körper vorkommen. Erst vor kurzem wurde erkannt, daß Mineralien mindestens ebenso wichtig für den menschlichen Organismus sind, wie die weitaus bekannteren Vitamine.

Welche Mineralien braucht der Körper?

Nach dem letzten Stand der Forschung gibt es über 20 Mineralien, die für das Funktionieren des menschlichen Körpers notwendig sind. Mit fortschreitenden medizinischen Erkenntnissen könnten jedoch noch weitere Mineralstoffe in diesen Rahmen aufgenommen werden.

Diese 20 lebenswichtigen Mineralien werden in zwei Gruppen unterteilt. Die Unterteilung richtet sich nach den Mengen, in denen die Mineralien im Körper vorkommen:

- Makromineralien sind Kalzium, Phosphor, Magnesium, Chlor, Natrium, Kalium und Schwefel. Im Körper sind sie in Mengen von fünf Gramm und darüber enthalten.

- Spurenelemente sind Eisen, Jod, Zink, Fluor, Kupfer, Chrom, Mangan, Selen, Molybdän und Kobalt. Hiervon braucht der Körper täglich nur wenige Milligramm oder sehr viel weniger. Es wird vermutet, daß auch die Spurenelemente Nickel, Zinn, Silizium und Vanadium wichtige Aufgaben im Körper wahrnehmen.

Arsen, Kadmium, Bor, Aluminium und Blei sind ebenfalls im Körper enthalten, doch sieht die heutige Forschung ihr Vorhandensein als Verunreinigung an. Blei, Arsen, Quecksilber, Fluor und Kadmium geben dabei Anlaß zur Besorgnis., da sie im Körper angereichert werden und in größeren Mengen hochgiftig sind.

Darüberhinaus sind aber auch größere Mengen ALLER Makromineralien und Spurenelemente Gift für den Körper.

Welche Funktionen haben Mineralien im Körper?

- Mineralien dienen als Baumaterialien für Zellen und sind in jedem Gewebe in mehr oder weniger hohen Mengen vorhanden.

- Mineralien geben Knochen und Zähnen ihre strukturelle Stärke.

- Mineralien sind Bestandteile von Körperflüssigkeiten (so ist z. B. Eisen ein Bestandteil des Blutes).

– Mineralien regulieren den Wasserhaushalt und Säuregehalt des Körpers, steuern die Übermittlung von Nervenimpulsen und die Funktion der Zellmembranen und kontrollieren den Startmechanismus für Enzymsysteme.

Wieviele Mineralien braucht der Körper?

Die folgende Tabelle zeigt die Menge der Mineralstoffe für einen Menschen mit einem Körpergewicht von 70 kg. Die aufgeführten Mengen sind nur *Orientierungswerte*, keiñe „*Normalwerte*", da der Mineralgehalt eines gesunden Menschen variieren kann.

Die Mineralstoffmengen im Körper werden von vielen Komponenten beeinflußt : Alter, Geschlecht, Diät, Krankheitsgeschichte, Akkumulierung giftiger Spurenelemente im Körper, Umgebung und deren Einfluß auf die Mineralien in Luft, Wasser und Nahrung etc.

Metallische Mineralien	Gramm
Kalzium	1.200
Kalium	250
Natrium	70
Magnesium	42
Eisen	4,5
Zink	2,3
Kupfer	0,08
Vanadium	0,025
Molybdän	0,020
Zinn	0,017
Mangan	0,012
Kobalt	0,010
Chrom	0,004
Nickel	0,002

Nicht-metallische Mineralien	Gramm
Phosphor	680
Chlor	115
Schwefel	100
Silizium	18
Fluor	2,6
Jod	0,013

Können wir unseren Mineralbedarf durch Leitungswasser decken?

Wasser enthält Mineralien in Form von sogenannten *minerali-schen Salzen* – auch anorganische Mineralien genannt. Nach neuesten Erkenntnissen nimmt der menschliche Körper diese anorganischen Salze nur dann auf, wenn er seinen Bedarf nicht in *organischer* Form aus den festen Nahrungsmitteln decken kann.

Feste Nahrungsmittel enthalten hauptsächlich *organische Mineralien* in Form von Proteinverbindungen (Chelaten) und natürlichem Zucker. Die Aufnahme dieser organischen Stoffe fällt dem Körper weit leichter, als die der anorganischen Salze.

Doch selbst wenn wir die im Wasser vorhandenen Mineralien problemlos aufnehmen könnten, so ist die darin enthaltenen Menge im Vergleich zu anderen Nahrungsmitteln nur sehr gering – so gering, daß *normales Leitungswasser als Mineralstoffquelle nicht ausreicht, den täglichen Bedarf zu decken.* Zum Vergleich: Ein Glas Milch enthält mehr Kalzium und Magnesium als 20 Liter Trinkwasser.

Die Aufstellung im Anhang B zeigt Ihnen, aus welchen Quellen wir unsere Mineralstoffe erhalten. Dabei wurden zum Vergleich auch die Mineralmengen aufgeführt, die wir täglich aus normalem Leitungswasser aufnehmen.

Auch Wasser mit hohem Mineralgehalt (z.B. einer Heil-quelle) löst das Problem der Mineralstoffzufuhr nicht. Zum einen führen Sie Ihrem Körper dadurch Mineralsalze zu, die für ihn problematischer sind, als die Chelate der organischen Nahrungsmittel. Zum anderen laufen Sie Gefahr, einige Mineralien (z.B. Natrium) in zu hohen Mengen zu sich zu nehmen.

Große Mengen an anorganischen Mineralien geben dem Wasser außerdem einen unangenehmen metallischen, manchmal auch salzigen Geschmack, der Speisen und Getränke negativ beeinflußt. Besonders deutlich wird dies bei Mineral- und Tafelwasser, das über längere Zeit offen gestanden hat:

Wenn die Kohlensäure verflogen ist, dann schmeckt das Wasser oft schal und unangenehm und besitzt auch nicht mehr die Fähigkeit, Durst zu löschen.

Geben Mineralien dem Trinkwasser nicht überhaupt erst den Geschmack? Schmeckt Wasser ohne Mineralstoffe nicht fade?

Viele Menschen glauben, daß gerade der Mineralgehalt den guten Geschmack des Wassers hervorbringt. **Doch genau das Gegenteil ist der Fall.**

Wasser erhält seinen guten Geschmack und seine durststillenden Eigenschaften durch die Menge des darin gelösten Sauerstoffs und durch die **Abwesenheit** größerer Mengen von Mineralsalzen. Deswegen sehen wir auch eine Bergquelle, deren Wasser aus frisch geschmolzenem Schnee (niedriger Mineralgehalt) entstanden ist und die durch ihren lebhaften Weg über Steine und Kiesel mit Sauerstoff durchmischt wurde, als Inbegriff der Frische an.

Die Aufnahme von Mineralien

Bei der Beurteilung, welche Mineralien sich für den menschlichen Organismus am besten eignen, wurde bisher nur selten zwischen

– der **Verwendung** von Mineralien im Körper – also deren
  Funktion – und
– der **Aufnahme** der Mineralien in den Körper, - also der
  „Transportverpackung"

unterschieden.

Erst seit kurzem weiß man, daß die *Aufnahme* von Mineralstoffen nur wenig damit zu tun hat, wie diese Stoffe im Körper *eingesetzt* werden und in welcher Form sie dort auftreten.

Ein kleines Beispiel: Wenn Sie unter Eisenmangel leiden, so hat es wenig Zweck, Eisenspäne zu essen. Was Sie brauchen, ist Eisen in einer organischen Verpackung, zu der der Körper Zugang hat.

58

Dem Körper werden Mineralien in zwei Formen angeboten:
- in **anorganischer** Form (z. B. im Trinkwasser als Mineralsalze) und
- in **organischer** Form (in der festen Nahrung als sogenannte *Chelate*).

Im letzten Jahrzehnt wurde festgestellt, daß der Körper organische Chelate weit besser aufnimmt, als die anorganischen Mineralien. Er greift sogar nur dann auf anorganische Mineralien zurück, wenn er seinen Bedarf nicht aus den Chelaten der organischen Nahrung decken kann.

Die Unterschiede dieser beiden Mineralstoffarten sind enorm: Kalziumsalz (Kalziumsulfat, Kalziumkarbonat etc.) wird beispielsweise nur zu 5-10 Prozent aufgenommen, Kalzium in Chelatform aber zu 95 Prozent.

In der folgenden Tabelle wird deutlich, daß der Körper Mineralien in Chelatform weit besser nutzen kann, als in der anorganischen Salzform.

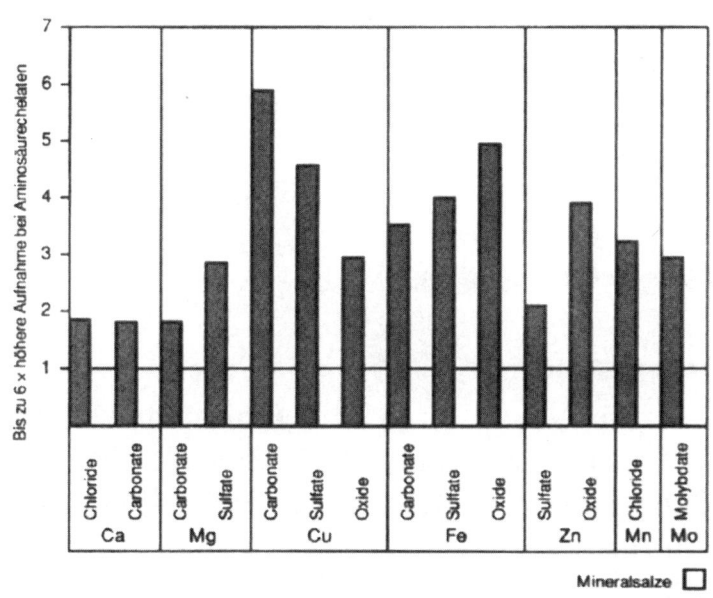

Was sind Chelate?

Chelate finden wir in vielen Nahrungsmitteln, z.B. als Kalziumlaktat in der Milch, Chrom- und Selenchelat in der Hefe, Magnesiumchelat im Chlorophyll, Eisenchelat im Blut, etc.

Chelate sind an organische Stoffe (z.B. Aminosäuren, Laktat, Citrat, etc.) gebundene Mineralien. Das Wort *Chelat* kommt aus dem Griechischen und bedeutet *Klaue*. In Chelaten ist der Mineralstoff von einem Ring von Aminosäuren umgeben, der ihn wie die Klaue eines großen Tieres in seiner Mitte festhält.

Chelatring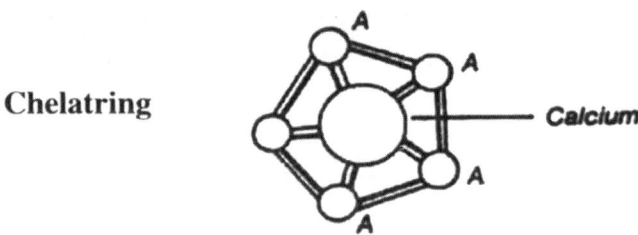

Bei der Aufnahme von Chelat im Körper wird dieser Aminosäurering aufgelöst und der Mineralstoff seiner Verwendung zugeführt. Die dabei freiwerdenden Aminosäuren sind organische Grundbausteine und lassen sich ebenfalls im Körper einsetzen.

aufgelöster Chelatring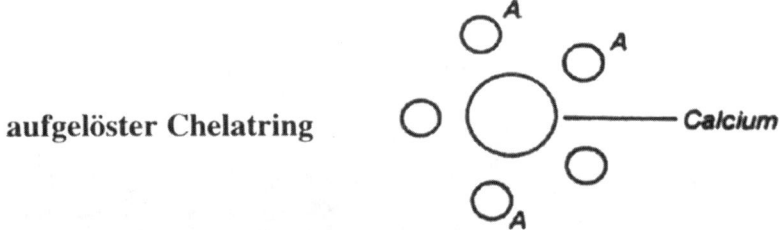

Die problematischen anorganischen Mineralien

Anders sieht es bei anorganischen Mineralien aus. Nur ein äußerst geringer Anteil wird in reiner Form (d.h. *nicht* an andere anorganische Substanzen gebunden) vom Körper aufgenommen. Die überwiegende Mehrheit der anorganischen Mineralien ist beim Transport in den Körper mit anderen anorganischen Stoffen gekoppelt. Hier als Beispiel das Calciumsulfat.

60

Calciumsufat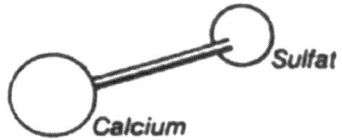

Bei der Auflösung dieser Bindung wird das Calcium von dem Sulfat getrennt und wie bei den Chelaten seiner Bestimmung übergeben. Dabei wird jedoch auch das Sulfat frei, für das der Körper KEINE Verwendung hat.

aufgelöst –
Calcium / Sulfat

Viele dieser Abfallprodukte werden ausgeschiedeñ. Ein nicht unwesentlicher Teil lagert sich jedoch im Körper ein und reichert sich dort an. Besonders bei giftigen Substanzen können im Körper dadurch langfristig kritische Werte überschritten werden und Krankheiten entstehen.

Es gibt aber noch eine andere, gefährlichere Möglichkeit: Durch seine Lösung vom Mineralstoff wird bei dem unerwünschten Abfallstoff Bindungsenergie freigesetzt. Durch diese Bindungsenergie kann die Substanz mit anderen Stoffen im Körper reagieren und dadurch u. U. viel Schaden anrichten. Man bezeichnet diese unerwünschten Abfallprodukte auch als freie Radikale. Freie Radikale werden von der Medizin als sehr problematisch angesehen, da sie unter anderem bei Arzneimitteln für einen Großteil der Nebenwirkungen verantwortlich sind.

Die besten Mineralstoffquellen

Optimal ist eine ausgewogene, breitgefächerte Ernährungsweise mit einem großen Anteil an Salaten, Gemüse und frischem Obst. Nehmen Sie zum Kochen und Trinken sauberes Wasser mit möglichst wenig Schadstoffen und anorganischen Salzen.

Sie brauchen nicht peinlich genau darauf achten, daß Sie in Ihrer Nahrung jeden Tag die im Anhang B angegebenen Tagesmengen erreichen. Der Körper legt sich normalerweise einen langfristigen Vorrat aller lebenswichtigen Substanzen an, aus dem er seinen Bedarf deckt. Dieser körpereigene Speicher wird automatisch wieder angefüllt, sobald die entsprechenden Mineralien in der Nahrung angeboten werden.

Vertrauen Sie darauf, daß Ihr Körper sich aus einem reichhaltigen Nahrungsangebot auf optimale Weise all die Substanzen holt, die für seine Erhaltung und seine Gesundheit nötig sind.

ANHANG A

STICHWORTE

Adsorption Der Prozess, durch den Partikel und molekulare Verunreinigungen von *Aktivkohle* aufgenommen werden. Ein elektrochemischer Vorgang an der inneren Porenoberfläche der Aktivkohle.

Nicht zu verwechseln mit *Absorption* !

Aktivierung Aufbereitung von Aktivkohle. Bei der Aktivierung wird Kohle in Abwesenheit von Sauerstoff auf sehr hohe Temperaturen erhitzt. Dabei vergrößert sich die Oberfläche der Kohle auf bis über 2000 qm pro Gramm. Außerdem entstehen Poren molekularer Größe.

Aktivkohle Aktivkohle ist mikroporöser Kohlenstoff, der aus Torf, Braunkohle oder Steinkohle hergestellt wird. Die *Aktivierung* vergrößert die Oberfläche der Kohle, sodaß sie große Mengen an Verunreinigungen aufnehmen kann. Klassisches Filtermedium.

Asbest Vor Kurzem wurde bekannt, daß in unserem Trinkwasser große Mengen von Asbestfasern vorkommen (bis zu 11,08 Millionen Fasern pro Liter in der Nähe von Düsseldorf). Asbestfasern sind härter als Stahl und werden im Körper nicht abgebaut. Entgegen den Entwarnungen des Bundesgesundheitsamtes gibt es wissenschaftliche Hinweise, daß oral aufgenommene Asbestfasern Darm- und Blasenkrebs verursachen. Durch Umkehr-Osmose wird Asbest aus dem Trinkwasser entfernt.

Bakterio-statische Filter

Eine Sorte von Kohlefiltern, die mit *Silber* imprägniert sind. Das Silber soll das Bakterienwachstum in Inneren des Kohlefilters verhindern. Die Wirksamkeit ist fraglich. Außerdem ist Silber Gift für den menschlichen Organismus.

Cellulose Triazetat (CTA)

Eine Familie synthetischer Materialen, aus denen *Umkehr-Osmose*-Membranen hergestellt werden.

Chelat

An organische Substanzen (z. B. Aminosäuren, Laktate etc.) gebundene Mineralien. Chelate sind in der Nahrung (z. B. Milch, Hefe etc.) reichhaltig vorhanden. Der menschliche Körper nimmt Mineralien in Form von Chelaten weit besser auf, als in Salzform (wie sie z. B. im Trinkwasser vorkommen).

Chlor

Eine gasförmige oder flüssige Chemikalie, die dem Trinkwasser als Desinfektionsmittel beigefügt wird. Reagiert mit organischer Materie im Wasser und erzeugt dabei das krebsverursachende *THM* (trihalogeniertes Methan).

Chloramine

Eine Chemikalie aus Chlor und Ammoniak, die als Alternative zu *Chlor* als *Desinfektionsmittel* für Trinkwasser eingesetzt wird. Bildet weit weniger *THM* (trihalogeniertes Methan) als Chlor , steht aber im Verdacht, Krebs auszulösen. Hochgiftig für Dialysepatienten.

CTA   *Cellulose Triazetat*

Desinfizierung Ein Vorgang, durch den Wasser biologisch sicher
für den menschlichen Genuß gemacht wird. Da-
bei werden schädliche Mikroorganismen durch
Chemikalien, ultraviolettes Licht, Ozon etc. zerstört.

Destilliertes Wasser, das durch Dampfdestillierung gereinigt
Wasser wurde. Es enthält normalerweise weniger als 5
ppm TDS.

Entionisiertes Wasser, bei dem die ionischen Salze *(TDS)* durch
Wasser einen *Ionenaustauscher* entfernt wurden.

Fluorid Wird in einigen Ländern zur Vorbeugung von
Karies dem Trinkwasser zugesetzt. Ist in
Deutschland als Trinkwasserzusatz verboten.
Steht im Verdacht, Krebs zu verursachen.

Grundwasser- Eine wassertragende Schicht im Boden. Grund-
strom wasserströme können Hunderte von Kilometern
weit fließen und ihre Zusammensetzung mehr-
mals am Tag ändern.

Hartes Wasser Wasser mit einer *Härte* über 12. Hartes Wasser
enthält so viel Kalzium und Magnesium, daß sich
beim Waschen mit Seife die zur Reinigung not-
wendige Seifenlauge nicht oder nur schwer bilden
kann.

Härte Der Härtegrad gibt die im Wasser vorhandenen
Beimischungen an (hauptsächlich Kalzium und
Magnesium). Die Wasserhärte wird gemessen in
mg Kalziumoxid pro 100 ccm Wasser. Wasser mit
einem Härtegrad unter 12 wird „weich", über 12
„hart" genannt.

Härte-mineralien	Kalzium und Magnesium
Ion	Ein nach außen elektrisch geladenes Atom. *TDS*.
Ionen-austauscher	Eine Methode, dem Wasser seine *Härte* zu nehmen. Das Rohwasser wird durch ein Austauschmedium (organische Kunstharze) geleitet, das die *Härtemineralien* des Wassers (Kalzium und Magnesium) aufnimmt und dafür Natrium abgibt.
Kontaktzeit	Die Zeit, die Wasser in direktem Kontakt mit *Aktivkohle* ist. Je länger die Kontaktzeit, desto mehr Verunreinigungen werden aus dem Wasser entfernt.
Mechanische Filter	Ein Siebevorgang, der *Schwebstoffe* aus dem Wasser entfernt. Die feinsten mechanischen Filter entfernen Bakterien bis zu einer Größe von 0,2 *Mikron*.
Mikron	Längeneinheit. Ein Millionstel Meter. Das kleinste noch sichtbare Teilchen hat einen Durchmesser von 40 Mikron.
Mineralien	Feste chemische Verbindungen der Erdkruste. Es gibt mehr als 2000 Mineralien (z. B. Arsen_ Kupfer, Kadmium, Blei, Eisen, Schwefel etc.). Zuviel Mineralsalze im Trinkwasser geben dem Wasser einen unangenehmen Geschmack. Einige Mineralien sind Gift für den menschlichen Organismus.
Molekular-gewicht	Jedes Molekül setzt sich aus einer bestimmten Anzahl Atome zusammen. Die Summe der

Atomgewichte dieser einzelnen Atome ergibt das Molekulargewicht.

Beispiel H_2O (Wasser):

2 × H (Wasserstoff) Atomgewicht 1 = 2
1 × O (Sauerstoff)   Atomgewicht 16 = 16
Wasser hat daher das Molekulargewicht   18

Osmose   Die natürliche Tendenz von Wassermolekülen, durch eine halbdurchlässige *(semipermeable)* Membran zu passieren. Einer der wichtigsten Vorgänge für organisches Leben. Mit Osmose regelt beispielsweise unser Körper seinen Flüssigkeitshaushalt.

PCB   Polychlorierte Biphenyle. Hochgiftige organische Verunreinigung, die im Trinkwasser vorkommen kann. PCB steht im Verdacht, Krebs zu verursachen.

pH Wert   Zeigt an, wie sauer oder basisch Wasser ist. Die Skala reicht von 1 bis 14. 7 ist neutral,1 ist der höchste saure Wert, 14 der höchste basische Wert.

ppm   Englische Abkürzung von „Parts Per Million" = „Teile pro Million Wassermoleküle". ppm entspricht in etwa „Milligramm pro Liter" (mg/1). Wenn Sie ein Kilo Salz in einer Million Kilo (Liter) Wasser auflösen, dann erhalten Sie die Messung von 1 ppm (oder 1 mg/1). ppm ist die Maßeinheit von *TDS*.

Rohwasser   (Leitungs-) Wasser, das zur Reinigung in ein Wasseraufbereitungsgerät geleitet wird.

Rückweisung Die Menge an *TDS*, die die *Umkehr-Osmose-*Membran aus dem Rohwasser entfernt. Wird in Prozent vom Rohwasser angegeben.

Schwebstoffe Im *Rohwasser* schwebende Teilchen (Staub, Sand, Rost, Algen), die durch mechanische *Filter* entfernt werden können.

Semi-permeabel Eigenschaft einer Gruppe von natürlichen und synthetischen Materialien, die es bestimmten Substanzen (z.B. Wasser) erlaubt, durch eine *Umkehr-Osmose-*Membran zu passieren, während gleichzeitig die Passage anderer Stoffe (z. B. Salze) blockiert wird.

Silber Metallisches Mineral. Wird zum Imprägnieren von Kohlefiltern eingesetzt. Giftig für den menschlichen Körper. *Bakteriostatische Filter.*

Täglicher Wasser-verbrauch Statistisch gesehen verbraucht der Deutsche pro Tag 150 Liter Wasser. Davon werden allerdings nur 2 Liter zum Trinken und Kochen verwendet.

TCE Trichloräthylen. Im Trinkwasser relativ häufig vorkommende giftige organische Verunreinigung. Bestandteil vieler Lösungsmittel in Haushalt, Industrie und chemischen Reinigungen. TCE steht im Verdacht, Krebs zu verursachen.

TDS Englische Abkürzung von „Total Dissolved Solids" = die Gesamtmenge im Wasser gelöster ionischer Mineralsalze und Metalle. Wird in Einheiten von ppm gemessen.

TDS-Tester Der TDS-Tester zeigt die Menge der gelösten

Salze an, die in einer Wasserprobe vorhanden ist. Maßeinheit ist *ppm*.

TFC	Englische Abkürzung von „Thin Film Composite Membran". Ein Material (Polyamid), aus dem Umkehr-Osmose-Membranen hergestellt werden.
THM	Trihalogeniertes Methan. Entsteht, wenn *Chlor* als *Desinfektionsmittel* mit organischer Materie im Wasser reagiert. Steht im Verdacht, Krebs zu verursachen.
Umkehr-Osmose	Die technische Umkehrung der natürlichen *Osmose*. Dabei wird *Rohwasser* gegen eine synthetische Membran gepreßt, die die Wassermoleküle durchläßt, die Unreinheiten des Rohwassers jedoch nicht. Auf der anderen Seite der Membran sammelt sich nur sauberes Wasser. Die Verunreinigungen werden weggespült.
Weiches Wasser	Wasser mit einer *Härte* unter 12.

ANHANG B

DECKUNG DES MINERALBEDARFS

(Die Angabe der täglichen Bedarfsmengen sind Orientierungswerte, die nicht zur Zu
sammenstellung einer individuellen Diät gedacht sind. Die Angaben der im Trinkwas
ser enthaltenen Mengen sind Richtwerte, die je nach Quelle variieren können.)

Mineralstoff	Täglicher Bedarf	Tägliche Aufnahme im Trinkwasser	Maximaler Gehalt laut Trinkwasser-Verordnung in 1l Wasser	Nahrungsquellen (Aufnahme pro 100 g Nahrung)	
Kalzium	500 - 1.000 mg	100 mg	keine Angabe	Hartkäse	1.200 mg
				Weichkäse	725 mg
				Nüsse	250 mg
				Gemüse	150 mg
				Weissmehl	140 mg
				Milch	120 mg
				Eier	80 mg
				Getreide	60 mg
				Früchte	60 mg
Kalium	Es gibt keine empfohlene Tages-menge, doch wird die Einnahme von 1.960 bis 5.870 mg pro Tag als normal angesehen.		12 mg	Viele Nahrungsmittel enthalten Kalium, doch gibt es regional große Unterschiede in deren Gehalt. Die folgenden Angaben sind nur Richtwerte.	
				Soyamehl	1.660 - 2.030 mg
				Trockenfrüchte	710 - 1.880 mg
				Weizenkleie	1.160 mg
				frischer Salat	140 - 1.080 mg
				Kartoffeln	1.020 mg
				Nüsse	350 - 950 mg
				Müsli	100 - 600 mg
				Fruchtsäfte	110 - 260 mg
				Eier	140 mg
				Käse	100 - 190 mg
				Indischer Tee	2.160 mg
				gerösteter Kaffee	2.020 mg
				Kakaopulver	1.500 mg
Natrium	Es gibt keine empfohlene Tages-menge, doch wird die einnahme von 1.000 - 3.000 mg pro Tag als aus-reichend angesehen.	2 - 300 mg	150 mg	Die bekannteste Form von Natrium ist Kochsalz (Natrium-chlorid). Die Natriumaufnahme in der Nahrung reicht von 2.000 bis 12.000 mg pro Tag. Viele Ärzte empfehlen maximal 3 g pro Tag.	
				Schmelz-/Weichkäse	1.360 mg
				Cornflakes	1.200 mg
				gesalzene Butter	870 mg
				Brot	560 mg
				Eier	140 mg

Mineralstoff	Täglicher Bedarf	Tägliche Aufnahme im Trinkwasser	Maximaler Gehalt laut Trinkwasser-Verordnung in 1l Wasser	Nahrungsquellen (Aufnahme pro 100 g Nahrung)	
Magnesium	220 - 400 mg	50 mg	50 mg	Soyabohnen	310 mg
				Nüsse	250 mg
				Vollkornweizenmehl	140 mg
				Brauner Reis	119 mg
				Trockenfrüchte	80 mg
				Gemüse	60 mg
				Bananen	42 mg
Eisen	8 - 28 mg	bis 3 mg	0,2 mg	Weizenkleie	12,9 mg
				Kakaopulver	10,5 mg
				Soyamehl	8,0 mg
				Petersilie	8,0 mg
				Trockenfrüchte	5,8 mg
				Getreide	4,1 mg
				Rote Bohnen	2,5 mg
Zink	8 - 16 mg	2 mg	keine Angabe	Bierhefe	7,8 mg
				Hartkäse	4,0 mg
				Vollkornbrot	2,0 mg
				Eier	1,5 mg
				Hülsenfrüchte	1,0 mg
				Vollkorngetreide	1,0 mg
Kupfer	1 - 2,5 mg	1 mg	keine Angabe	Bierhefe	3,3 mg
				Oliven	1,6 mg
				Nüsse	1,4 mg
				Hülsenfrüchte	0,8 mg
				Vollkornbrot	0,3 mg
				Trockenfrüchte	0,3 mg
Vanadium	vermutlich 0,1 - 0,3 mg	--	keine Angabe	Petersilie	2,95 mg
				Radieschen	0,79 mg
				Dill	0,46 mg
				Kopfsalat	0,28 mg
				Erdbeeren	0,07 mg
				Gurken	0,04 mg
				Äpfel	0,03 mg
Zinn	noch nicht ausreichend erforscht	--	keine Angabe	noch nicht ausreichend erforscht	
Mangan	empfohlen wird 2 - 5 mg	--	0,05 mg	Getreide	4,92 mg
				Vollkornbrot	4,21 mg
				Nüsse	3,54 mg
				Hülsenfrüchte	2,01 mg
				Früchte	1,05 mg
				grünes Gemüse	0,78 mg
Chlor	keine empfohlene Tagesmenge	--	keine Angabe	Die Nahrungsquellen für Chlor entsprechen denen des Natrium. Wer ausreichend Natrium zu sich nimmt (Kochsalz), erhält automatisch ausreichend Chlor	

Mineralstoff	Täglicher Bedarf	Tägliche Aufnahme im Trinkwasser	Maximaler Gehalt laut Trinkwasser-Verordnung in 1l Wasser	Nahrungsquellen (Aufnahme pro 100 g Nahrung)	
Molybdän	ca. 0,5 mg	--		Buchweizen	0,49 mg
				Bohnenkonserven	0,35 mg
				Weizenkeime	0,20 mg
				Soyabohnen	0,20 mg
				Getreide	0,09 mg
				Eier	0,05 mg
				Kakao	0,05 mg
				Gemüse	0,03 mg
				Früchte	0,02 mg
Chrom	es gibt keine empfohlene Tages-menge. doch wird die Einnahme von 0,05 - 0,2 mg pro Tag als ausrei-chend angesehen.	0,01 mg	0,05 mg	Eigelb	0,18 mg
				Bierhefe	0,12 mg
				Hartkäse	0,06 mg
				Fruchtsäfte	0,05 mg
				Vollkornbrot	0,04 mg
				Honig	0,03 mg
				Gemüse	0,02 mg
				Früchte	0,01 mg
Nickel	noch nicht ausreichend erforscht	--	0,05 mg	noch nicht ausreichend erforscht	
Kobalt	ca. 0,001 mg	--	keine Angabe	Kammuscheln	0,225 mg
				Leber	0,015 mg
				Gemüse	0,020 - 0,060 mg
Phosphor	es gibt keine empfohlene Tages-menge. doch wird die Einnahme von 240 - 1.200 mg (abhängig vom Alter) pro Tag als normal angesehen.	--	keine Angabe	Bierhefe	1.900 gm
				Magermilchpulver	950 mg
				Weizenkeime	930 mg
				Hartkäse	520 mg
				Nüsse	370 mg
				Getreide	290 mg
				Eier	128 mg
				Yoghurt	140 mg
Schwefel	800 mg	0,05 mg	240 mg	Nüsse	150 - 380 mg
				Knoblauch	370 mg
				Käse	200 - 330 mg
				Eier	180 mg
				Vollkornmehl	150 mg
				Hülsenfrüchte	120 mg
Silizium	keine empfohlene Tagesmenge	--	keine Angabe	--	
Fluor	keine empfohlene Tagesmenge	Bei Trinkwasser-fluorisierung bis 4 mg	keine Angabe	--	
Jod	ca. 0,2 mg	0,04 mg	keine Angabe	Schellfisch	0,659 mg
				Hering	0,021 - 0,027 mg
				Getreide, Gemüse	
				Früchte	0,002 - 0,005 mg

ANHANG C

WAS KOSTET
MINERAL- UND FLASCHENWASSER?

Die folgende Tabelle zeigt Ihnen, wie teuer Wasser in Flaschen ist.

Wie finde ich den Preis für mein Flaschenwasser?

1. Nehmen Sie die Tabelle „*Der Preis von Flaschenwasser*" und suchen Sie am linken Tabellenrand in der Spalte
    DM pro
    Liter
    den Preis, den Sie für 1 Liter Flaschenwasser zahlen. (Denken Sie daran, daß viele Flaschen nur 0,7 Liter enthalten.)

2. Folgen Sie dem Pfeil nach rechts, bis Sie die Spalte mit Ihrer Haushaltsgröße
    ...Personen
    im Haushalt
    gefunden haben. Sie haben nun den Preis, den Sie für Ihr Flaschenwasser pro
    Tag / Monat / Jahr
    etc. bezahlen. Die oberste Zeile der Tabelle zeigt Ihnen weiterhin, wieviel
    Liter
    Trinkwasser Ihre Familie pro Tag / Monat / Jahr braucht.

Den Tabellen liegt der vom Gesundheitsministerium empfohlene Tagesverbrauch von 2 Litern Trinkwasser pro Person (Trinken und Kochen) zugrunde. Wenn Ihre Tagesmenge davon wesentlich abweicht, können Sie diese Menge leicht zu den angegebenen Werten ab- bzw. hinzurechnen.

Ein Beispiel:

Sie möchten wissen, wieviel eine vierköpfige Familie pro Jahr für Flaschenwasser ausgibt.

1. Nehmen wir an, Sie bezahlen 1,00 DM für einen Liter Flaschenwasser. In der Spalte
    DM pro
    Liter
finden Sie die Zahl
    1,00 -->

2. Folgen Sie dem Pfeil in dieser Zeile nach rechts, bis Sie in dem Block
    4 Personen
    im Haushalt
die Spalte
    Jahr
gefunden haben. Sie haben nun den Preis, den Ihre Familie jedes Jahr für Flaschenwasser bezahlt:
    2.880, – DM.

Die Tabellen wurden bis zu einem Preis von 3,00 DM pro Liter errechnet, da in Italien Flaschenwasser bereits zu diesem Preis verkauft wird.

Der Preis von Flaschenwasser

		1 Person im Haushalt			2 Personen im Haushalt		4 Personen im Haushalt	
pro -->	Tag	Monat	1 Jahr	5 Jahre	Monat	Jahr	Monat	Jahr
Liter -->	2	60	720	3.600	120	1.440	240	2.880
DM pro Liter								
0,50 -->	1,00	30,-	360,-	1.800,-	60,-	720,-	120,-	1.440,-
0,60 -->	1,20	36,-	432,-	2.160,-	72,-	864,-	144,-	1.728,-
0,70 -->	1,40	42,-	504,-	2.520,-	84,-	1.008,-	168,-	2.016,-
0,80 -->	1,60	48,-	576,-	2.880,-	96,-	1.152,-	192,-	2.304,-
0,90 -->	1,80	54,-	648,-	3.240,-	108,-	1.296,-	216,-	2.592,-
1,00 -->	2,00	60,-	720,-	3.600,-	120,-	1.440,-	240,-	2.880,-
1,10 -->	2,20	66,-	792,-	3.960,-	132,-	1.584,-	264,-	3.168,-
1,20 -->	2,40	72,-	864,-	4.320,-	144,-	1.728,-	288,-	3.456,-
1,30 -->	2,60	78,-	936,-	4.680,-	156,-	1.872,-	312,-	3.744,-
1,40 -->	2,80	84,-	1.008,-	5.040,-	168,-	2.016,-	336,-	4.032,-
1,50 -->	3,00	90,-	1.080,-	5.400,-	180,-	2.160,-	360,-	4.320,-
1,60 -->	3,20	96,-	1.152,-	5.760,-	192,-	2.304,-	384,-	4.608,-
1,70 -->	3,40	102,-	1.224,-	6.120,-	204,-	2.448,-	408,-	4.896,-
1,80 -->	3,60	108,-	1.296,-	6.480,-	216,-	2.592,-	432,-	5.184,-
1,90 -->	3,80	114,-	1.368,-	6.840,-	228,-	2.736,-	456,-	5.472,-
2,00 -->	4,00	120,-	1.440,-	7.200,-	240,-	2.880,-	480,-	5.760,-
2,10 -->	4,20	126,-	1.512,-	7.560,-	252,-	3.024,-	504,-	6.048,-
2,20 -->	4,40	132,-	1.584,-	7.920,-	264,-	3.168,-	528,-	6.336,-
2.30 -->	4,60	138,-	1.656,-	8.280,-	276,-	3.312,-	552,-	6.624,-
2,40 -->	4,80	144,-	1.728,-	8.640,-	288,-	3.456,-	576,-	6.912,-
2,50 -->	5,00	150,-	1.800,-	9.000,-	300,-	3.600,-	600,-	7.200,-
2,60 -->	5,20	156,-	1.872,-	9.360,-	312,-	3.744,-	624,-	7.488,-
2,70 -->	5,40	162,-	1.944,-	9.720,-	324,-	3.888,-	648,-	7.776,-
2,80 -->	5,60	168,-	2.016,-	10.080,-	336,-	4.032,-	672,-	8.064,-
2,90 -->	5,80	174,-	2.088,-	10.440,-	348,-	4.176,-	696,-	8.352,-
3,00 -->	6,00	180,-	2.160,-	10.800,-	360,-	4.320,-	720,-	8.640,-

ANHANG D

BIBLIOGRAPHIE

Aero, Rita und Rick, Stephanie: *Vitamin Power*, New York 1987

Coffel, Steve: *But Not A Drop To Drink!*, New York 1989

Der Spiegel: *Lebenselement Wasser - Vergiftet und Vergeudet*, Titelgeschichte, Nr. 32 Jg 42, Ausgabe 8.8.88

Der Spiegel: *Asbest - Gefahr für Trinkwasser*, Jg 43 Nr. 9, Ausgabe 27.2.89

Engler, Ivan (Hrsg.): *Wasser*, Teningen 1989

Hütter, Leonhard A.: *Wasser und Wasseruntersuchung*, Salzburg 1988

Kasper, Dr.med. Heinrich: *Ernährungsmedizin und Diätetik*, München 1987

Mervyn, Leonard, Ph.D: *Thorsons complete guide to Vitamins and Minerals*, Rochester 1987

Natow, Annette, Ph.D, R.D., Heslin, Jo-Ann, M.A., R.D.: *Complete Book of Vitamins and Minerals*, Lincolnwood 1988

Polunin, Miriam: *Minerals What They Are and Why We Need Them*, New York 1983

Yetiv, Jack, M.D., Ph.D., *Popular Nutritional Practices*, New York 1988

ANHANG E

BEZUGSQUELLEN

TESTSYSTEME

TDS-Tester

HACH Analysesysteme
zu beziehen über:
Struers GmbH
Albert-Einstein-Str. 5
D 4006 Erkrath 3
Tel: 0211 202051

Elfstones GmbH
Brandweg 5
D 2091 Garstedt
Tel: 04173 8711
Fax: 04173 6408

Reagenzien

HACH Analysesysteme
Struers GmbH
Albert-Einstein-Str. 5
D 4006 Erkrath 3
Tel: 0211 202051

Macherey Nagel
Werkstraße 6-8
D 5160 Düren
Tel: 02421 698-0

ANHANG F

FRAGEN UND ANTWORTEN

Läßt sich Wasser durch Abkochen reinigen?

Das Abkochen von Wasser stammt aus einer Zeit, da Leitungswasser noch Krankheitserreger enthalten konnte. Wurde das Wasser einige Minuten lang gekocht, konnte man sicher sein, daß schädliche Bakterien abgetötet waren. Abkochen ist nur in Notsituationen zu empfehlen und tötet außerdem nicht alle Viren, Sporen und Zysten.

Heutzutage ist Trinkwasser vielfach mit Nitraten, Salzen, Schwermetallen und einer Vielzahl giftiger Chemikalien belastet, die aus dem Abfall von Industrie und Landwirtschaft in die Wasserversorgung gelangt sind. Die meisten dieser Stoffe werden durch Abkochen überhaupt nicht oder nur teilweise entfernt.

Wie funktioniert Umkehr-Osmose?

Umkehr-Osmose basiert auf dem natürlichen, biologischen Vorgang der **Osmose**, durch den z.B. Pflanzen mit ihren Wurzelzellen Feuchtigkeit aus dem Boden ziehen. Auch die Zellen unseres Körpers arbeiten mit Osmose.

Die **Umkehr-Osmose** dreht diesen natürlichen Vorgang um. Dabei wird (Roh-)Wasser gegen eine synthetische Membran gepreßt, die nur Wassermoleküle durchläßt, Unreinheiten jedoch nicht. Die Verunreinigungen werden weggespült und in den Abfluß geleitet. Auf der anderen Seite der Membran sammelt sich das saubere Wasser. Der Druck des Leitungswassers reicht aus, um Rohwasser durch die Membran zu pressen.

Wer erfand Umkehr-Osmose?

Anfang der Fünfziger Jahre entwickelte der Forscher Sourirajan an der University of California ein neues Verfahren zur Entsalzung von Seewasser. Er erkannte dabei als erster die immensen Möglichkeiten der Umkehr-Osmose. Die neue Technik war so vielversprechend, daß die amerikanische Regierung gemeinsam mit bedeutenden Firmen ein umfangreiches Forschungsprogramm aufstellte. In acht Jahren entstand so die modernste und höchstentwickelte Technik der Wasseraufbereitung.

Inzwischen wird Umkehr-Osmose unter anderem in der Lebensmittelindustrie, der Glas- und Metallherstellung, der Produktion von Computerplatinen, in der Pharmazeutik, der Druckindustrie, in Laboranwendungen eingesetzt — überall dort, wo Wasser mit hohem Reinheitsgrad gebraucht wird. Auch die Medizin verwendet Umkehr-Osmose zur Blutwäsche in Dialysegeräten und bei der Herstellung chemisch reinen Wassers.

Eine der spektakulärsten Anwendungen der Umkehr-Osmose ist die Trinkwasseraufbereitung im Wasserkreislauf der Raumfähren.

Läßt sich Wasser, das mit Umkehr-Osmose aufbereitet wurde, mit Flaschenwasser vergleichen?

Viele Flaschenwasser sind kaum besser als normales Leitungswasser. Bei einer von der Zeitschrift „NATUR" im Jahre 1987 durchgeführten Untersuchung stellte sich heraus, daß die Hälfte der untersuchten Marken den Trinkwasserrichtwerten der EG nicht entsprachen. Die Einhaltung dieses Standards wird oft nur auf Anfrage kontrolliert. In einigen Tafelwassern wurden außerdem hohe Verunreinigungen, darunter Arsen und Nitrat gefunden.

Gute Umkehr-Osmose-Systeme entfernen sogut wie alle Schadstoffe aus dem Trinkwasser und liefern zusätzlich einen frischen Geschmack.

Was geschieht mit den „Mineralien" im Trinkwasser?

Wasser enthält Mineralstoffe in Form von sogenannten **mineralischen Salzen** (auch **anorganische Mineralien** genannt). Der Körper nimmt Mineralien in dieser Form nur dann auf, wenn er seinen Bedarf nicht in organischer Form aus festen Nahrungsmitteln decken kann.

In festen Nahrungsmitteln sind Mineralien hauptsächlich in Verbindung mit Proteinen und natürlichem Zucker (als **organische Mineralien**) vorhanden. Für die Aufnahme von organischen Mineralien braucht der Körper weit weniger Energie als für anorganische Salze.

Wenig bekannt ist, daß Leitungswasser laut Trinkwasserverordnung überhaupt keine ausreichenden Mengen an Mineralien enthalten DARF, die den täglichen Bedarf decken könnten.

Wasser enthält daher im Vergleich zu anderen Nahrungsmitteln nur geringe Mineralstoffmengen. In einem Glas Milch befindet sich mehr Kalzium und Magnesium als in 20 Liter Trinkwasser.

Zuviel anorganische Mineralien geben dem Wasser einen unangenehm metallischen und manchmal auch salzigen Geschmack. Sie nehmen dem Wasser die Fähigkeit, Durst zu löschen. Darüberhinaus sind einige anorganische Mineralien gesundheitsschädigend (z.B. Nitrate, giftige Metalle, alle Spurenelemente in toxischen Mengen).

Geben Mineralien dem Trinkwasser nicht überhaupt erst den Geschmack? Schmeckt Wasser ohne Mineralstoffe nicht fade?

Viele Menschen glauben, daß der Mineralgehalt den guten Geschmack des Wassers hervorbringt. **Doch genau das Gegenteil ist der Fall**.

Wasser erhält seinen guten Geschmack und seine durststillenden Eigenschaften durch die Menge des darin gelösten Sauerstoffs und durch die **Abwesenheit** größerer Mengen von Mineral-

80

salzen. Deswegen sehen wir auch eine Bergquelle, deren Wasser aus frisch geschmolzenem Schnee (niedriger Mineralgehalt) entstanden ist und die durch ihren lebhaften Weg über Steine mit Sauerstoff durchmischt wurde, als Inbegriff der Frische an.

Reinigten Umkehr-Osmose-Systeme unser Trinkwasser auch von Asbestfasern?

Erst vor kurzem wurde bekannt, daß unser Trinkwasser große Mengen an Asbestfasern enthält. So wies das Fraunhofer Institut für Umweltchemie im Trinkwasser mehrerer westdeutscher Städte rund eine Million Asbestfasern pro Liter nach, in einem Fall (Meerbusch bei Düsseldorf) sogar 11,1 Millionen Asbestfasern. Die Fasern lösen sich aus den Trinkwasserrohren aus Asbestzement, die in den fünfziger und sechziger Jahren verlegt wurden.

Deutsche und amerikanische Forscher fanden heraus, daß durch orale Asbestaufnahme ein erhöhtes Krebsrisiko im Magen-Darm-Trakt besteht. Asbest wandert im Körper und lagert sich in Leber, Niere, Milz und im Gehirn ab.

Umkehr-Osmose ist die einzige preiswerte Möglichkeit, Asbest aus dem Trinkwasser effektiv zu entfernen.

Warum setzen die Wasserwerke Umkehr-Osmose nicht im großen Stil ein?

Die Kosten wären zu hoch — unsere Wasserrechnung würde in astronomische Höhen klettern.

Zudem werden weniger als 2% des Leitungswassers getrunken. Das meiste Wasser wird zum Baden, Waschen, zur Gartenbewässerung etc. eingesetzt. Es wäre eine gigantische Verschwendung, dieses Wasser der gleichen teuren Aufbereitung zu unterziehen, wie unser Trink-Wasser. Doch selbst wenn wir alles Wasser mit Umkehr-Osmose aufbereiten, würde es beim Transport durch Kupfer- und Bleirohre wieder neue Verunreinigungen aufnehmen.

Es liegt auf der Hand, Trink-Wasser dort von Verunreinigungen zu befreien, wo es letztendlich gebraucht wird: in der Küche.

Entfernt die Umkehr-Osmose auch Fluorid, das die Entstehung von Karies verhindert?

Vor einigen Jahren wurde erwogen, Fluorid dem Trinkwasser zuzufügen, da es als erwiesen galt, daß es die Entstehung von Karies verhindert oder verzögert.

Dieser Eingriff in die Trinkwasserversorgung war und ist sehr umstritten, da die Langzeitwirkungen von Fluoriden im Trinkwasser kaum erforscht sind. So wurde z.B. erst vor Kurzem erkannt, daß Chlor Krebs erzeugen kann, wenn es sich mit Substanzen verbindet, die üblicherweise im Wasser vorkommen. Chlor wird jedoch schon seit 1913 dem Trinkwasser zugeführt.

Zwar wurde festgestellt, daß geringe Mengen Fluorid im Trinkwasser keine schädliche Wirkung haben, doch ist ungeklärt, wieviel Fluorid ein Mensch im individuellen Fall zu sich nimmt und welche Wirkungen diese Mengen in 20 oder 30 Jahren haben werden. Außerdem hat Fluorid nach Abschluß der Kindheit kaum noch Auswirkungen auf die Zähne.

Viele Wissenschaftler und Gesundheitsbehörden sind der Ansicht, daß Fluorid und andere Zusätze im Trinkwasser nichts zu suchen haben. Mit einem Umkehr-Osmose-System haben Sie Ihre Wasserqualität selbst unter Kontrolle. Die Umkehr-Osmose entfernt über 90% aller Fluorverbindungen aus dem Wasser.

Wieviel Wasser braucht ein Umkehr-Osmose-System, um die Ablagerung von Verunreinigungen auf der Membran zu verhindern?

Mit modernen Membranen ausgerüstete Tisch- und Einbausysteme benötigen zwischen 2 bis 4 Liter Leitungswasser, um einen Liter reines Wasser zu erzeugen — d.h. für einen Tropfen reines

Wasser fließen ein bis drei Tropfen mit Verunreinigungen in den Abfluß. Im Vergleich zu dem normalen Wasserverbrauch einer vierköpfigen Familie erhöht sich die Wasserrechnung dabei um etwa 3 DM pro Monat.

Ist der Wasserverbrauch eines Umkehr-Osmose-Systems nicht Wasserverschwendung?

Im Vergleich zu unserem täglichen Wasserverbrauch ist das von einem Umkehr-Osmose-System in den Abfluß geleitete Wasser im wahrsten Sinne nur „ein Tropfen auf den heißen Stein". Dazu ein paar Tatsachen über den normalen Wasserverbrauch:

Statistisch verbrauchen wir pro Tag mindestens 150 Liter Wasser:

100 Liter − Baden, Duschen, Wäsche, Geschirrspülmaschine
 50 Liter − Toilettenspülung
  2 Liter − Kochen und Trinken.

− Weitere 4000 Liter kommen pro Tag durch indirekten Verbrauch hinzu − Wasserverbrauch der Stadtreinigung, Bewässerung von Grünanlagen, Autowaschanlagen etc.

− 5000 Liter täglich werden für die Herstellung unserer Verbrauchsgüter gebraucht.

− Für Ihr Frühstücksei wurden 300 Liter Wasser benötigt.

− Für Ihr Steak zu Mittag wurden 10.000 Liter Wasser eingesetzt.

− Die Produktion von einem Scheffel Weizen braucht 45.000 Liter Wasser.

Ein modernes Umkehr-Osmose-System benötigt für die Reinigung der 2 Liter, die wir pro Tag zum Kochen und Trinken brauchen, etwa 4 bis 6 Liter. Gemessen an unserem statistischen Tagesverbrauch von 150 Liter fällt diese Menge kaum ins Gewicht.

Es bietet sich aber auch die Möglichkeit, das Abflußwasser aufzufangen und als Brauchwasser zu verwenden.

Wofür läßt sich mit Umkehr-Osmose aufbereitetes Wasser einsetzen?

Ihnen sind für den Einsatz von schadstoff-freiem, reinem Wasser keine Grenzen gesetzt. Doch — wo immer Sie Wasser brauchen, bringt durch Umkehr-Osmose gereinigtes Wasser noch zusätzliche Vorteile. Hier ein paar Vorschläge, wofür Sie reines Wasser verwenden können:

- Zum Kochen
- Für Getränke (Tee, Kaffee, Säfte etc.)
- Zur Zubereitung von Babynahrung
- Für Eiswürfel
- Zur besonderen Pflege von Gesicht und Händen
- Zur schonenden Haarwäsche
- Zum Rasieren
- Zur Handwäsche empfindlicher Kleidung
- Für Dampfbügeleisen
- Für den Trinknapf von Haustieren
- Zur Wässerung von Pflanzen
- Zur Aufbereitung von Reinigungsflüssigkeiten
- Für Luftbefeuchter
- Zur Filmentwicklung
- In der Scheibenwaschanlage Ihres Autos
- Zur Reinigung Ihrer Fenster (Umkehr-Osmose gereinigtes Wasser trocknet ohne Schlieren)

ANHANG G

EINE UMKEHR-OSMOSE-ANLAGE IM TEST

Die folgenden Testergebnisse zeigen, wie außerordentlich wirksam schon kleine Umkehr-Osmose-Systeme Schadstoffe aus dem Wasser entfernen.

Die Tests wurden von der International Technology Corporation durchgeführt, einem unabhängigen Institut, das von der EPA (Environmental Protection Agency) – der nationalen Umweltbehörde der USA – anerkannt ist. Alle Analysen wurden nach den strengen, von der EPA vorgeschriebenen Methoden ausgeführt.

Die getesteten Geräte waren nach modernster Technik mit einer Kombination von Umkehr-Osmose/Ultrafiltrierung und Aktivkohleabsorption ausgestattet.

Die Leistung einer Umkehr-Osmose-Anlage ist vom Druck des Leitungswassers, der Temperatur, Zusammensetzung, Verunreinigung des Wassers, den Fertigungseigenschaften der Membran und vom Einsatzrhythmus abhängig.

Umkehr-Osmose-Anlagen, die mit „Thin Film Composite" (TFC) Membranen ausgerüstet sind, zeigen bei einigen Verunreinigungen eine höhere Entfernungsrate, als in den beiden folgenden Tests angegeben. TFC Membranen können für spezielle Probleme der Wasseraufbereitung eingesetzt werden.

Endprodukt aus dem Auffangtank

Konzentration in mg/l (ppm)

Parameter	Nr der EPA Untersuchungs-Methode	Roh-wasser	Endprodukt aus dem Auffangtank	Entfernung der Stoffe in %
Härte (Mg CACO$_3$)	130.2	1730	10	
MBAS	425.1	214	2	> 99%
Total Dissolved Solid (TDS)	160.1	2104	90	> 99%
Metalle				
Arsen	206.2	11	ND<0.010	> 99%
Barium	200.7	12.6	0.051	> 99%
Kalzium	200.7	25.4	0.82	> 96%
Kadmium	200.7	6.2	ND<0.010	> 99%
Chrom	200.7	0.25	ND<0.010	> 99%
Kupfer	200.7	14.4	ND<0.010	> 99%
Eisen	200.7	58	0.026	> 99%
Blei	239.2	58	0.010	> 99%
Magnesium	200.7	124	2.4	> 98%
Mangan	200.7	5.7	0.012	> 99%
Quecksilber	245.1	8.0	0.003	> 99%
Selen	270.1	11	ND<0.005	> 99%
Silber	200.7	3.0	ND<0.050	> 98%
Natrium	200.7	121	2.7	> 97%
Zink	200.7	58.3	0.014	> 99%
Anionen				
Chloride	300.0	115	11	> 90%
Nitrate	300.0	220	18	> 92%
Sulfate	300.0	436	0.33	> 99%
Organochloride Pestizide				
Endrin	608	6.8	ND<0.00005	> 99%
Lindan	608	0.054	0.000006	> 99%
Methoxychlor	608	0.026	ND<0.00005	> 99%
Toxaphen	608	0.050	ND<0.00005	> 99%
PCB's (1242)	608	0.11	ND<0.00005	> 99%

ND - NOT DETECTED - Dieser Stoff war nicht mehr feststellbar.
In der Tabelle ist die Feststellbarkeitsgrenze angegeben.

Endprodukt aus dem Auffangtank

Konzentration in mg/l (ppm)

Parameter	Nr der EPA Untersuchungs-Methode	Roh-wasser	Endprodukt aus dem Auffangtank	Entfernung der Stoffe in %
Herbizide				
2.4-D	615	0.20	ND<0.001	>99%
2,4,5-TP (Silvex)	615	0.089	ND<0.0001	>99%
Flüchtige halogene Kohlenwasserstoffe				
Bromodichloromethan	601	6.8	ND<0.0005	>99%
Bromoform	601	6.3	ND<0.0005	>99%
Carbon Tetrachlorid	601	TR<2.0	ND<0.0005	>99%
Chlorobenzin	601	2.0	ND<0.0005	>99%
Chloroform	601	4.3	ND<0.0005	>99%
Dichlorobenzin	601	65	ND<0.0005	>99%
1,1-Dichloroethan	601	8.9	ND<0.0005	>99%
1,2-Dichloroethan	601	18.2	ND<0.0005	>99%
1,2-Dichloropropan	601	9.4	ND<0.0005	>99%
1,1,2,2-Tetrachloroethan	601	7.2	ND<0.0005	>99%
Tetrachlorätylen	601	7.2	ND<0.0005	>99%
1,1,1-Trichlorethan	601	4.7	ND<0.0005	>99%
1,1,2-Trichlorethan	601	13	ND<0.0005	>99%
Trichloroäthylen	601	2.7	ND<0.0005	>99%
Flüchtige aromatische Kohlenwasserstoffe				
Benzin	602	6.9	ND<0.0005	>99%
Chlorobenzin + 1,4-Xylen	602	13	ND<0.0005	>99%
1,3-Dichlorobenzin	602	9.5	ND<0.0005	>99%
1,4-Dichlorobenzin	602	9.5	ND<0.0005	>99%
Ethyl Benzin	602	4.7	ND<0.0005	>99%
Toluen	602	1.8	ND<0.0005	>99%
1,3-Xylen	602	0.89	ND<0.0005	>99%
1,2-Xylen	602	0.88	ND<0.0005	>99%
Asbest	TEM	125	ND<0.001	99%

ND-NOT DETECTED - Dieser Stoff war nicht mehr feststellbar. In der Tabelle ist die Feststellbarkeitsgrenze angegeben.

TR-TRACE- Dieser Stoff wurde in Spuren festgestellt, die Menge reichte jedoch nicht aus, um die Konzentration feststellen zu können.

DAS WASSERWESEN MENSCH

— von Dr. med. Alois Riedler —

Der Beginn des Lebens

Es dauerte etwa 3 bis 4 Milliarden Jahre, bis aus dem Wechsel-spiel zwischen Sonne und Wasser Leben auf der Erde entstand. Die weitaus längste Periode dieser Evolution fand in den Urmee-ren statt. Doch auch wenn der Mensch die Meere schon lange verlassen hat, so beginnt sein Leben (als Samenzelle) immer noch bei einem Wassergehalt von 98 bis 99%.

Auch als Säugling hat der Mensch noch den hohen Wasserge-halt von 90%. Mit zunehmendem Alter nimmt die Vitalität le-bender Strukturen jedoch ab und zwar in dem gleichen Maße, wie sein Wassergehalt zurückgeht.

So hat der menschliche Organismus als Kind ca. 70% Wasser-gehalt, der Erwachsene 65%, und der alte Mensch nur mehr 60%. Schon daraus wird die besondere Bedeutung deutlich, die Wasser für unseren Organismus hat.

Wasser ist neben der Atemluft unser wichtigstes Lebensmittel. Von den 2 bis 3 Litern Wasser, die wir täglich zu uns nehmen soll-ten, erhalten wir etwa eineinhalb Liter als Flüssigkeit, der Rest kommt mit der Nahrung in den Körper hinein.

Stofflich gesehen ist Wasser eine anorganische Substanz — man könnte auch sagen, eine mineralische Substanz. Es besteht aus dem Gas Wasserstoff und dem Gas Sauerstoff.

Unter normalen atmosphärischen Bedingungen ist Wasser eine Flüssigkeit, die für uns den Inbegriff alles Flüssigen dar-stellt.

Wasser ist jedoch nur im Moment seines Entstehens als reines H_2O, also als absolut reines Wasser vorhanden. Es besitzt ein so außerordentliches Lösungsvermögen, daß es sofort alle anderen Stoffe zu lösen beginnt, mit denen es in Berührung kommt. Diese

Lösungsmitteleigenschaft ist eine der wesentlichen Komponenten für die Aufrechterhaltung des Lebens im menschlichen Organismus.

Der Wasserhaushalt

Bei einem Menschen mit einem Gewicht von 70 kg befindet sich 60% des Wassers in den Zellen. 30% des Wassers liegen zwischen den Zellen und in den Blutgefäßen 10%.

Auch wenn unser Blutgefäßsystem mit 10% nur den kleinsten Teil der flüssigen Körpermasse enthält (etwa 5 bis 6 Liter), sollten wir dessen Bedeutung nicht unterschätzen. Ein intaktes Gefäßsystem ist absolut lebensnotwendig.

Außer den Blutgefäßen haben wir noch das Lymphgefäßsystem, das nicht ganz so bekannt ist.

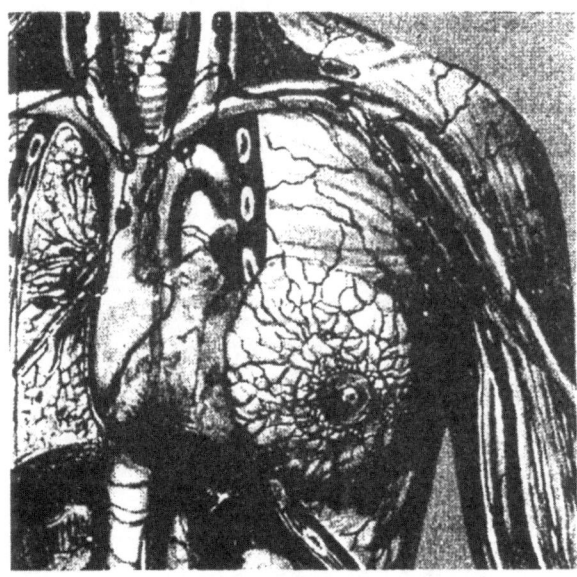

Lymphgefäßsystem (Ausschnitt)

Die Blutgefäße werden oft als eine Art Wasserleitungssystem dargestellt, das die Flüssigkeit an die Zelle heranführt, während das Lymphsystem über Kanäle verfügt, die die Flüssigkeit dann verteilen. Dieses Bild stimmt nicht ganz, da auch im Lymphgewebe wichtige Prozesse stattfinden. So arbeiten beispielsweise die Lymphknoten wie Filterstationen. In ihnen werden Schlackstoffe abgebaut und Substanzen abtransportiert, aber auch wertvolle Stoffe zugeführt.

Problematisch wird es, wenn dieses Gefäßsystem verengt und verstopft ist, d.h. wenn die Gefäße verkalkt sind und kein ausreichender Blutfluß mehr stattfinden kann. Jeder zweite Todesfall in Österreich entsteht infolge eines solchen Gefäßverschlusses am Herzen (Herzinfarkt), im Gehirn (Schlaganfall) oder in den Beinen (Gangrän).

Mülldeponie Körper

Im Grundbaustein unseres Körpers – in der Zelle – finden wir die Hauptmasse unserer Körperflüssigkeit. Die etwa 13 Milliarden Zellen in unserem Organismus leben also gleichsam im Wasser eingebettet.

In der Zelle findet der Stoffwechsel – der eigentliche Aufbau und Erhalt unseres Körpers – statt. Hier werden die Stoffe, die hineinkommen, verändert, umgebaut und neu zusammengestellt. Hier wechseln sie ihre Zusammensetzung und Funktionen, daher auch der Begriff „Stoffwechsel". Sämtliche Bereiche unseres Körpers hängen unmittelbar von der Arbeit der Zellen ab.

Zwischen den Zellen, dem Lymphgewebe und den Blutgefäßen existiert jedoch noch ein weiterer wichtiger wassertragender Bereich, der bisher in der Forschung sehr vernachlässigt wurde: der Raum *zwischen* den Zellen.

Dieser Zellzwischenraum enthält lose Strukturen, die wir das „Bindegewebe" nennen. Im Bindegewebe befinden sich Nervenfasern und Bindegewebsfasern in einem feinen Gitternetzwerk, das die eigentliche Feinstruktur des Bindegewebes ausmacht.

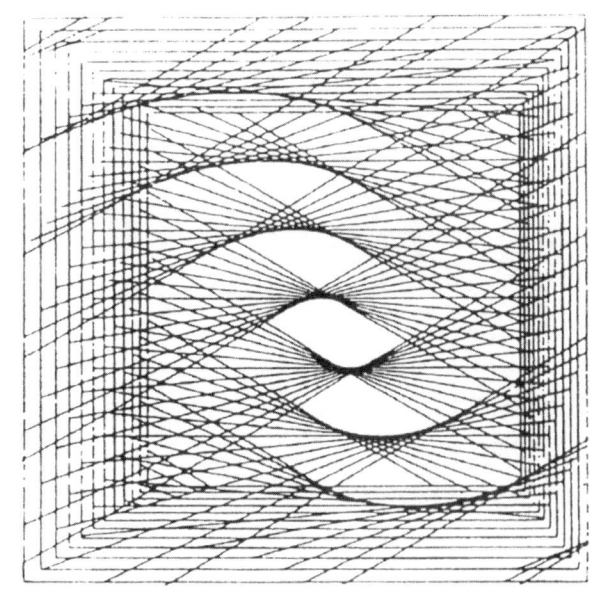

Das Gitternetzwerk ist außerordentlich komplex aus Zucker und Eiweiß aufgebaut und hat ein immenses Vermögen, Wasser zu speichern. Jede Substanz, die in die Zelle hineinwill, muß aus den Blutgefäßkanälen heraus und durch dieses feine Sieb hindurch. Die Vorstellung, daß aus den Blutgefäßen ein paar dünne Abzweigungen in die Zelle hineingehen, ist falsch. Der gesamte Stoffwechsel, der Stofftransport und auch der Sauerstoff müssen durch dieses komplexe Feld hindurch.

Dieses Siebsystem hat eine ähnliche Funktion wie unsere Niere. Es kann aber auch Substanzen speichern. Normalerweise müssen unerwünschte Stoffe wieder aus dem Körper entfernt werden, z.B. über die Niere, den Darm oder die Lunge. Alles, was *nicht* über die üblichen Organe ausgeschieden werden kann, wird im Körper deponiert, und zwar in diesem losen Bindegewebe mit seinen komplexen drei-dimensionalen Raumgitternetzen. Hier finden die Ablagerungen statt. Hier ist die Mülldeponie des Körpers.

Deponiert werden in erster Linie saure Stoffwechsel-Endprodukte, die unser Körper produziert. Normalerweise werden diese Produkte über die Niere z.B. als Harnsäure, über die Lunge als Kohlensäure und auch über die Haut ausgeschieden. Wenn der Körper dies jedoch nicht mehr kann, dann deponiert er die Stoffe im Bindegewebe. Diese Zucker-Eiweißnetze haben eine sehr hohe Speicherkapazität.

Es werden aber nicht nur Stoffwechsel-Endprodukte gespeichert, sondern auch alle von außen eingebrachten überflüssigen Substanzen und Schadstoffe − auch solche, die mit dem Wasser zugeführt werden. Besonders problematisch sind Pestizide und Schwermetalle, die darüberhinaus auch noch eine zerstörende Wirkung auf das Gewebe ausüben.

Wenn wir in unserem Organismus täglich nur *ein* Gramm abspeichern, das wir nicht ausscheiden können, dann sind das pro Jahr 365 Gramm, in 10 Jahren 3,65 Kilo und in 50 oder 60 Jahren 22 Kilo.

Die Folge dieser Verschlackung ist jedoch nicht nur eine Gewichtszunahme, es tritt zugleich auch eine Versäuerung und eine Verfettung des Bindegewebes ein.

Durch die Verschlackung und Verfettung wird natürlich die Passage vom Blutgefäß zur Zelle immer schwieriger. Wo früher relativ freier Zugang möglich war, befindet sich jetzt feste Substanz, die den Fluß mit fortschreitendem Alter mehr und mehr behindert.

Der Organismus versucht auszugleichen, indem er im Gefäßsystem den Druck erhöht. In den zivilisierten Ländern akzeptiert man daher wie selbstverständlich, daß mit steigendem Alter auch der Blutdruck steigt. Daß hoher Blutdruck aber nur Ausdruck der immer schlechter werdenden Durchlässigkeit dieses Zwischengewebes ist, ist bis in das Bewußtsein der orthodoxen Medizin noch nicht vorgedrungen. Das Zwischenzellgewebe befindet sich sozusagen im Niemandsland der Medizin.

Der Organismus erhöht also seinen Druck im Gefäßsystem. Wenn dieser Druck zu hoch wird, wird der Arzt aufgesucht. Dieser verschreibt dann meist ein Medikament, das den Druck wieder senken soll, ohne jedoch zu überlegen, warum der Druck überhaupt steigen mußte. Wenn hier nicht nach der Ursache gefragt wird und keine sinnvolle Korrektur erfolgt, dann verschlimmert sich das Ganze noch weiter. Der Körper erhält eine chemische Substanz, die zwar den Druck senkt, aber dadurch gleichzeitig die Versorgung der Zellen drosselt, die jetzt von weniger Flüssigkeit erreicht werden. Außerdem wird mit dem Medikament ein synthetischer Stoff in den Körper eingebracht, der u.U. wieder im Bindegewebe abgelagert wird, weil er nicht ausgeschieden werden kann.

Zu hoher Blutdruck ist auf Dauer nicht bekömmlich. Irgendwann brechen die Gefäße und es kommt zu einem Stop der Durchblutung.

Bevor diese Situation eintritt, gibt es jedoch schon Probleme auf Zellebene. Die Zelle erhält weniger und weniger Nahrung und steht damit unter immer größerem Streß, bis schließlich ihre Funktion erlahmt und sie abstirbt.

Es gibt aber noch eine andere − gefährlichere Möglichkeit: Jede Zelle trägt das Gedächtnis ihrer gesamten Entwicklung in sich. Sie weiß, daß sie vor langen Generationen einmal eine Ein-Zelle war.

Wenn nun die Nahrungsversorgung zusammenbricht, werden archaische Mechanismen aus der Frühzeit der Zelle wieder aktiviert. Um überleben zu können, beginnt die Zelle sich selbständig zu machen, und wächst auf eigene Faust weiter. Sie weiß, daß sie nur dann überleben wird, wenn sie schnell wächst, sich schnell teilt und auf ihre Umgebung keine Rücksicht nimmt. Dieser Rückfall in ein Urmuster tritt nie willkürlich auf, sondern entsteht immer aus einer für die Zelle lebensbedrohenden Situation.

Alle Volkskrankheiten wie Herz- und Hirnschlag, Rheuma, Krebs oder Osteoporose sind untrennbar mit diesen Verschlackungszuständen, der Übersäuerung und der verminderten Sauerstoffversorgung verbunden. Sie sind Endzustände jahrzehntelanger Fehlfunktionen und schleichend fortschreitender Vorgänge im Organismus und besonders im Bindegewebe. Leider sind viele Menschen derart unsensibel, daß sie erst dann aufmerksam werden, wenn die Katastrophe bereits eingetreten ist.

Hier schließt sich der Bogen zum Wasser hin, denn durch hochwertiges Wasser, durch Wasser, das in der Lage ist, Lösungsmittel zu sein, können wir für die Reinigung unseres Bindegewebes sorgen. Nicht umsonst ist es gerade bei dem intensivsten Reinigungsprozeß, den wir kennen − dem Fasten − besonders wichtig, hochwertiges Wasser mit besten Lösungsmitteleigenschaften zuzuführen, d.h. Wasser, das nicht durch darin enthaltene Stoffe bereits in seiner Aufnahmefähigkeit beschränkt ist.

Jahre und Jahrzehnte *vor* Eintritt einer Katastrophe muß gehandelt werden.

Wasser − ein natürliches Heilmittel

Die Allgegenwart von Wasser im Organismus stellt an alle Flüssigkeiten, die dem Körper von außen zugeführt werden, ganz besondere Anforderungen. Die Lösungsmitteleigenschaften von Wasser im Bindegewebe wurden oben schon erwähnt.

Doch nicht nur das Bindegewebe freut sich, wenn es Wasser erhält, das Abfallstoffe aufnehmen kann, auch die Niere kann mit sauberem Wasser weit mehr anfangen als mit verunreinigtem. Schließlich ist die Niere nicht nur eines der am höchsten belasteten Organe, sondern auch unser größter Schwermetallspeicher.

Die Zusammenhänge zwischen der Gesundheit der Bevölkerung und dem Mineralisationsgrad von Wasser hat der französische Wasserforscher Vincent zwischen 1950 und 1970 erforscht.

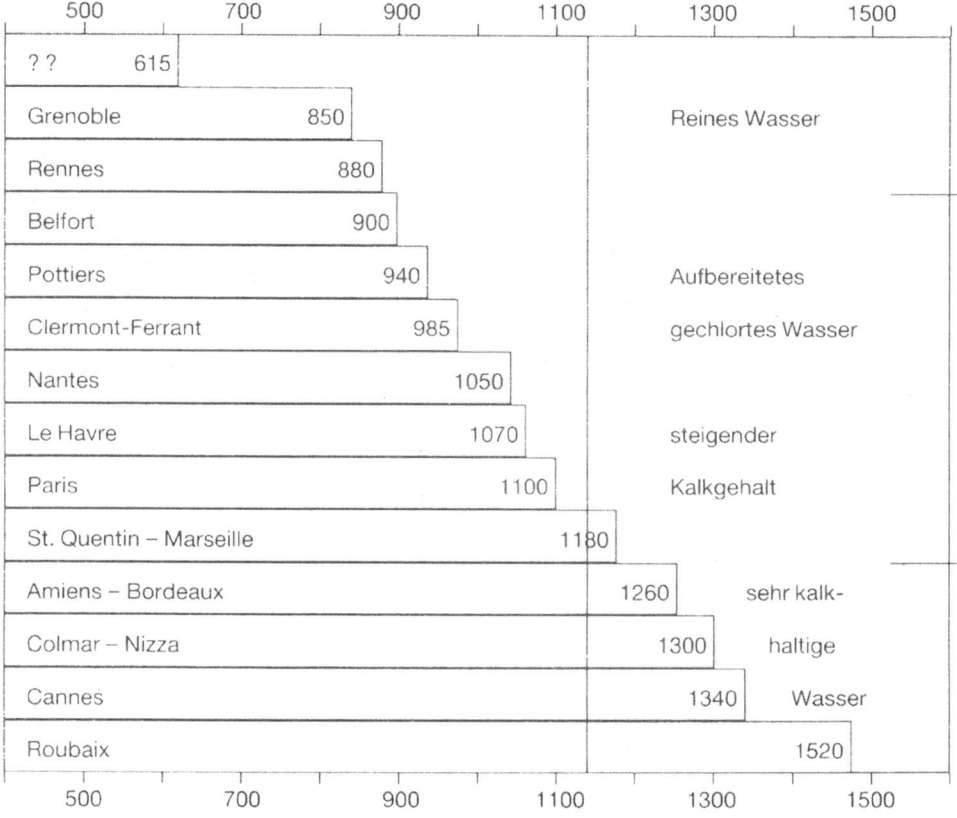

Mittlere Mortalitätsrate in Frankreich, bezogen auf 100.000 Einwohner in den Jahren 1962–1974.

Er fand dabei heraus, daß die Sterblichkeit in Städten mit hoher Wasserqualität wesentlich geringer ist, als in Städten mit hartem und belastetem Wasser. So hat beispielsweise Grenoble recht reines Wasser und eine niedrige Sterblichkeit von 850 bezogen auf je 100.000 Menschen. Dagegen fand er in Orten an der Côte d'Azur mit sehr kalkhaltigem Wasser eine außerordentlich hohe Sterblichkeit mit 1340 je 100.000.

Außer der Sterblichkeit hatte Vincent auch die Krebshäufigkeit genauestens untersucht und klare Zusammenhänge zwischen schlechter Wasserqualität und Krebshäufigkeit festgestellt. Ähnliche Resultate erbrachten Untersuchungen im Bundesland Steiermark.

In der Natur sind Quellen mit reinem Wasser rar und daher in Flaschen abgefüllt relativ teuer.

Hochwertiges Wasser — d.h. Wasser mit guten Lösungsmitteleigenschaften — läßt sich inzwischen aber auch im Haushalt aufbereiten.

Gutes Wasser sollte leicht sauer sein, d.h. einen Überschuß an Wasserstoffatomen haben. Wasserstoffatome haben eine magnetische Qualität, die wir als Information in unserem Körper brauchen. Sterilisiertes Wasser, das durch Destillation erzeugt wird, mag zwar rein sein, aber von seinen vitalen Eigenschaften her sicher nicht das Gesundheits- und Lebensmittel, das wir gerne hätten.

Die Umkehr-Osmose ist aufgrund der physikalischen Eigenschaften des aufbereiteten Wassers ein geeignetes Aufbereitungsverfahren für den Haushalt. Sie ist zuverlässig, verändert die innere (kristalline) Struktur des Wassers (s.u.) nicht nachteilig und ist von allen Wasseraufbereitungsmethoden die preisgünstigste und praktischste. Es ist der beste Anfang, sein Heilwasser zu Hause selbst herzustellen.

Schadstoffe im Wasser

Wir wissen, daß wir ein großes Nitrat-Problem haben. Nitrat wird durch die Landwirtschaft in großen Mengen in den Ackerboden eingebracht und tritt früher oder später wieder über das Grundwasser zutage. Im sauren Milieu des Magensaftes wandelt sich Nitrat zu Nitrit um — und wird in Verbindung mit den Eiweißbestandteilen der Nahrung zu sogenannten Nitrosaminen. Diese Nitrosamine zählen zu den stärksten Krebserzeugern, die wir kennen.

Nitrosamine rufen außer Magenkrebs auch Blasenkrebs hervor, da das Gift in die Blase transportiert wird und sich dort sammelt. Extrem gefährlich werden die Nitrosamine jedoch bei Säuglingen. Bei zu hohen Nitratwerten im Trinkwasser entsteht in den Säuglingen die Blausucht, eine Sauerstofftransportstörung, bei der sich der Stickstoff an den Blutfarbstoff ankoppelt. Im Gegensatz zu den Erwachsenen haben Kleinkinder und Säuglinge dafür noch keinen Gegenmechanismus entwickelt.

Ob ein Kleinkind Blausucht hat, merken Sie rasch: wenn es tot ist nämlich – das geht sehr schnell. Beim Erwachsenen merkt man die Nitrosamine nicht so plötzlich. Das dauert 20, 30 Jahre mit permanenter Einwirkung – steter Tropfen höhlt den Stein.

Quecksilber und Kadmium kommen zum Teil über die Saatbeizmittel und den Kunstdünger der Landwirtschaft in den Boden, aber auch über die vielen ungesicherten Mülldeponien.

Auch das Blei ist nicht zu vernachlässigen – die Jäger helfen da etwas nach mit den Tonnen von Blei, die sie jährlich in der Natur zurücklassen. Sehr viel Blei kommt aus alten Wasserleitungsrohren in alten Häusern. Wenn das Wasser einige Tage in diesen Rohren steht, dann haben Sie eine schöne Bleisuppe, wenn Sie den Hahn öffnen.

Pestizide und Herbizide sind bekannt dafür, daß sie den Verlust der Fortpflanzungsfähigkeit hervorrufen. Zusammen mit dem berühmt-berüchtigten Dioxin stehen sie ganz vorn in der Liste der krebserregenden Substanzen. Dioxin ist das Ultra-Gift schlechthin. Schon geringste Mengen genügen, um den Zellstoffwechsel zum Erliegen zu bringen und Krebs zu erzeugen.

Wenn die Wasserqualität der Brunnen sinkt, muß das Wasser über immer weitere Distanzen herangeschafft werden. Die Leitungsnetze werden länger und länger und damit steigt auch die Gefahr der Verkeimung dieser Netze. Unzählige Substanzen werden eingesetzt, um das Wasser mit immer höherem Aufwand zu „reinigen" – bis hin zum Chlor, das inzwischen erwiesenermaßen selbst wieder eine Gefahr darstellt. Chlor verbindet sich nämlich mit organischen Schwebstoffen im Wasser zu neuen Stoffen, die (wie z.B. das Trichlormethan) im Verdacht stehen, Dickdarm- und Blasenkrebs zu verursachen.

Selbst wenn diese Problemstoffe nur regional eine Rolle spielen und für Unruhe sorgen, so wird die Begegnung damit auf Dauer wohl niemandem erspart bleiben. Zwar können wir uns als Einzelpersonen durch praktikable Hauswasseraufbereitungen recht gut schützen, doch dürfen wir auch die verantwortlichen Politiker nicht aus ihrer Verantwortung entlassen.

Wasser und Mineralstoffe

Wasser durchspült die Organe und reinigt Zellen und Bindegewebe. Wasser hat definitiv *nicht* die Aufgabe, den Körper mit Mineralstoffen zu versorgen, wie das die Hersteller von isotonischen Getränken behaupten. Die anorganischen Mineralstoffe in diesen Getränken gehen zwar in die Blutbahn, aber nicht in die Zelle, denn an der Zellmembran entscheidet allein die innere physikalische Qualität des Mineralstoffes über seine Aufnahme.

Entscheidend ist dabei vor allem die Bindung der Mineralien an bestimmte organische Transportmittel. Diese Einbindung der Mineralien in organische Stoffe findet in der Pflanze statt. Nur in dieser aufbereiteten Form können uns Mineralien als Nahrung dienen. Eine Demineralisierung des Körpers durch das Trinken von mineralstoffarmem Wasser ist sogut wie unmöglich.

Kristallstrukturen des Wassers

Außer seiner Reinigungs- und Spülwirkung hat Wasser aber noch andere sehr interessante Eigenschaften, die mit seiner Struktur zusammenhängen.

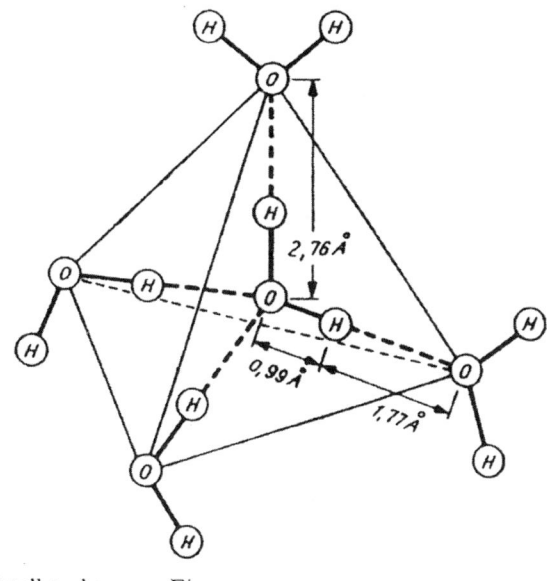

Kristallstruktur von Eis.

Wir alle kennen Wasser in seiner kristallinen Form, als Eis. Dabei sind die H_2O-Moleküle in eine feste Kristallstruktur eingebunden, in der sich nur wenig bewegt. Es ist jedoch nur wenig bekannt, daß sich diese absolut festen Verbindungen wie wir sie im Eiskristall kennen, erst bei Temperaturen über 60° Celsius völlig lösen und wir nur dann absolut flüssiges Wasser vor uns haben. Erst bei 60° Celsius finden wir H_2O.

Natürlicherweise spielt sich menschliches Leben aber nicht bei 60° Celsius ab, sondern bei 37,5°. Bei 37,5° liegt Wasser genau zur Hälfte als H_2O vor und zur anderen Hälfte − wenn man so

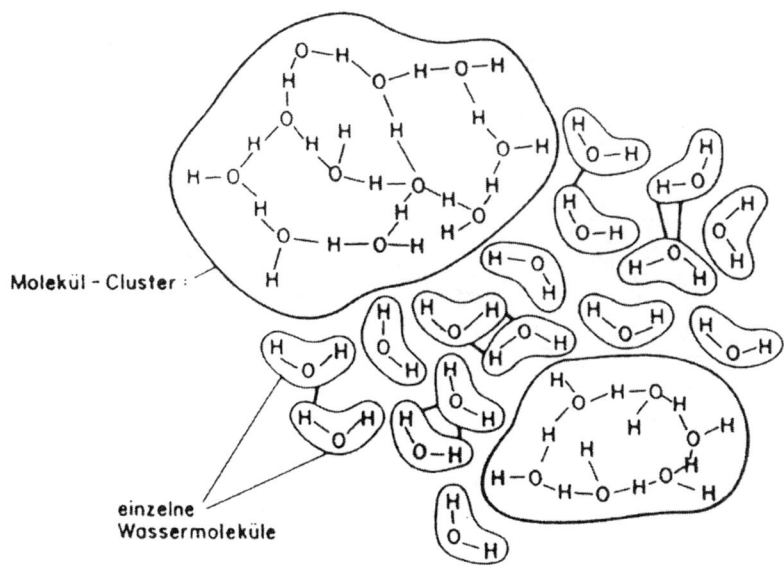

Molekül - Cluster

einzelne
Wassermoleküle

Cluster-
struktur
nach
Nemethy
und
Scheraga.

will – als weiches Eis. Diese Kristallstrukturen, die wir bei 37,5° finden, nennt man »Cluster«. Die Cluster haben die Fähigkeit, Informationen zu transportieren.

Stellen Sie sich die Cluster als eine Art Tonband vor. Auf einem Tonband sind Eisenpartikel aufgebracht, die durch einen Magnet je nach eingesetztem Signal mehr oder weniger magnetisiert werden und dadurch Information speichern. Die Informationen lassen sich später wieder als Musik reproduzieren.

Auch Wasser hat diese biomagnetischen Eigenschaften und bei 37,5° Celsius bildet genau die Hälfte unseres Körperwassers derartige Informationsstrukturen.

Diese Erkenntnisse haben enorm weitreichende Bedeutung. Sie stammen von dem österreichischen Physiker Trincher.

Speziell in den Zellen finden wir nun ganz besondere Wasserstrukturen.

An den Grenzflächen des Zellskelettes – speziell dort, wo sich die Wassermoleküle anbinden – bildet das Wasser enorm komplizierte, vielfältige Strukturen. Wenn sich dieses Grenzflächenwasser aufzulösen beginnt, z.B. weil der Stoffwechsel nicht mehr funktioniert, dann stirbt die Zelle.

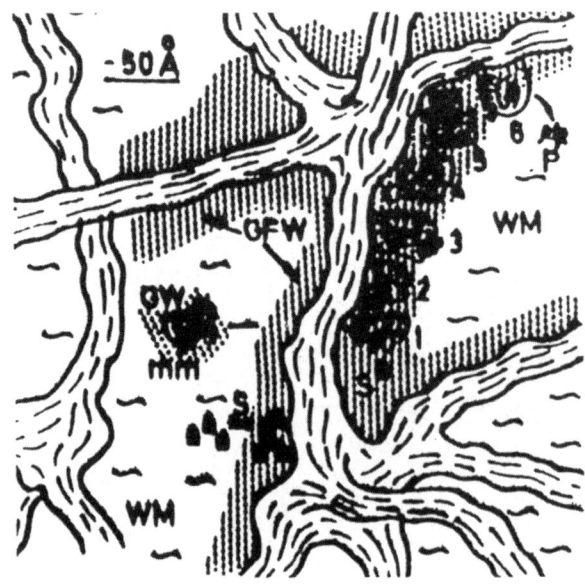

Intrazelluläre Wasserstrukturen

Diese Möglichkeit, Informationen zu speichern und zu übertragen, wird beispielsweise auch von der Homöopathie eingesetzt. Die hochverdünnten Heilmittel der Homöopathie sind eigentlich aus Pflanzenextrakt oder Mineralstoffen gewonnene Informationen, die vom Wassermuster weitergetragen werden.

Die innere Wasserstruktur erklärt wahrscheinlich auch den Effekt von heil- oder wunderwirkenden Quellen. Diesen Heilwässern wohnt eine ganz spezielle kristalline Struktur inne, die sehr labil ist und leicht durch Erhitzen und andere Einflüsse verändert oder zerstört werden kann.

Die Wasserstrukturen können auch für unsere Gesundheit enorme Bedeutung haben. Wenn der Körper über lange Zeit nicht ihm gerechte Informationen erhalten hat, z.B. durch schlechte Ernährung oder einen ungeeigneten Schlaf- oder Arbeitsplatz, dann verfestigt sich diese Information und bleibt im Organismus zurück. Mit hochkomplizierten Oszilloskopen kann man im Körperwasser sogar die Frequenz eines Personal Computers nachmessen, wenn man nur lange genug davor gesessen hat. Die Information bleibt gespeichert.

Der Körper hat aber auch die Fähigkeit, negative Informationsstrukturen zu neutralisieren. Da die Wasserstrukturen bei Temperaturen über 37,5° Celsius aufbrechen, braucht er nur seine Eigentemperatur zu erhöhen. Es kann daher durchaus gesund sein, Fieber zu haben. Aus diesem Grund haben auch die alten Naturheilärzte immer betont, daß Fieber ein Ordnungselement ist — es gibt dem Körperwasser die Möglichkeit, sich neu zu ordnen. Wenn das Wasser eine entsprechende Heilinformation erhält, formt es sich wieder dem Leben nach — es bildet ein Bios, kein Anti-bios.